高等学校应用型特色规划教材

U0398100

JavaScript动态网页设计

孙永林　张劲波　主编

廖慎勤　张明辉　巫思敏　副主编

电子工业出版社.

Publishing House of Electronics Industry

北京 · BEIJING

内容简介

JavaScript 动态网页设计是 HTML 网页设计的后续课程,更进一步地介绍动态网页设计的技术与技巧。JavaScript 是一种可以给网页增加交互性的脚本语言,能为用户提供更好的体验效果。本书针对应用型本科、高职高专院校学生的特点和知识结构,按照各行各业社会需求的实际编写。本书分为 9 个项目,包括创建 JavaScript 程序、制作二级联动效果、输出九九乘法表、制作弹出登录框、制作浮动广告、制作简易计算器、制作网页两侧广告、网站平台注册的验证和制作公告栏。

本书采用项目驱动式的编写方式,配有大量范例,通俗易懂,适合注重实践教学环节的教学模式,具有较强的实用性。本书可作为应用型本科、高职高专院校计算机类专业网页设计相关课程的教材,也可作为相关技术人员的参考用书。

图书在版编目(CIP)数据

JavaScript 动态网页设计/孙永林,张劲波主编. —北京:电子工业出版社,2019.8
ISBN 978-7-121-35911-8

Ⅰ.①J… Ⅱ.①孙… ②张… Ⅲ.①JAVA 语言－程序设计－高等学校－教材 Ⅳ.①TP312.8

中国版本图书馆 CIP 数据核字(2019)第 011499 号

责任编辑:章海涛
印　　刷:北京雁林吉兆印刷有限公司
装　　订:北京雁林吉兆印刷有限公司
出版发行:电子工业出版社
　　　　　北京市海淀区万寿路 173 信箱　　邮编:100036
开　　本:787×1 092　1/16　印张:13.25　字数:339 千字
版　　次:2019 年 8 月第 1 版
印　　次:2023 年 6 月第 8 次印刷
定　　价:49.00 元

凡所购买电子工业出版社图书有缺损问题,请向购买书店调换。若书店售缺,请与本社发行部联系,联系及邮购电话:(010)88254888,88258888。

质量投诉请发邮件至 zlts@phei.com.cn,盗版侵权举报请发邮件至 dbqq@phei.com.cn。

本书咨询联系方式:liuy01@phei.com.cn。

前言

随着社会信息化的发展，与网站开发相关的各项技术越来越受到广大 IT 从业人员的重视，与此相关的各类学习资料也层出不穷。然而，现有的学习资料在注重知识全面性、系统性的同时，却忽视了教学对象的实际情况和内容的实用性，导致很多学生在学习完基础知识后，不能马上适应实际的开发工作。为了让学生能够真正掌握相关知识，具备解决实际问题的能力，我们结合自己的教学经验和企业工程师的实践指导，精心编写了本教材。

本书以广州易唐科技有限公司开发的网上商城项目作为素材，从企业实际工作过程出发，以项目化的形式进行组织和编写。为了适应教学标准，满足教学过程规范化，本书配套编写了教学实施表、教学课件和练习题等教学资源，读者可在华信教育资源网（www.hxedu.com.cn）上免费下载。本书可作为应用型本科、高职高专院校计算机类专业网页设计相关课程的教材，也可作为相关开发人员的参考用书。

本书分为 9 个项目，包括创建 JavaScript 程序、制作二级联动效果、输出九九乘法表、制作弹出登录框、制作浮动广告、制作简易计算器、制作网页两侧广告、网站平台注册的验证和制作公告栏。

本书由孙永林和张劲波担任主编，廖慎勤、张明辉和巫思敏担任副主编。项目八由孙永林编写；项目四、项目七和项目九由张劲波编写；项目二和项目三由廖慎勤编写；项目一、项目五由巫思敏编写；项目六由张明辉编写。全书由孙永林统稿。广州易唐科技有限公司陈松涛工程师在本书的项目设计和任务编排上给予了大力指导。在本书编写过程中也得到了广东创新科技职业学院信息工程学院领导和计算机专业教师的大力支持和帮助，在此，向所有为本书的出版做出贡献的人员表示衷心感谢！

尽管我们尽了最大的努力，但教材中难免有不妥之处，欢迎各界专家和读者提出宝贵意见，不胜感激。

编　者

目录

创建 JavaScript 程序

本项目主要内容

➢ 搭建开发环境
➢ 学习 JavaScript 语法
➢ 在网页中添加 JavaScript 程序
➢ 使用外部 js 文件

JavaScript 是一种可以给网页增加交互性的脚本语言，能为用户提供更好、更令人兴奋的体验。JavaScript 能够实现一些任务控制，可以创建活跃的用户界面，并能为用户提供页面间导航的反馈。例如，在一些网站上，当鼠标指针停留在按钮上时，会突出显示按钮。

任务一　搭建开发环境

在网页设计中，HTML、JavaScript 和 CSS 文件必须是纯文本格式的。JavaScript 的源程序是文本文件，因此可以使用任何文本编辑器来编写程序源代码，如 Windows 操作系统中的"记事本"程序。为了更快速地编写程序并且降低出错的概率，通常会选择一些专业的代码编辑工具。专业的代码编辑器有代码提示和自动完成功能，比如 Adobe Dreamweaver（以下简称 DW）、Notepad++、Editplus。本书只介绍 DW 的安装。

本书安装的版本是 Dreamweaver CS6。官方简体中文版的安装文件可以在其官方网站下载：https://www.adobe.com/cn/products/cs6/dreamweaver.html。安装步骤如下：

（1）运行 Dreamweaver CS6 安装程序，如图 1-1 所示。第一步是将其解压到指定目录中，解压完成后，会自动运行安装程序。

（2）安装程序可能会弹出错误提示，如图 1-2 所示，单击"忽略"按钮。

图 1-1　Dreamweaver 安装程序　　　　　　　　　　图 1-2　错误提示

（3）在"欢迎"页面，如果没有安装序列号，那么可以选择"作为试用版安装"，如图 1-3 所示。

图 1-3　"欢迎"页面

（4）在"Adobe 软件许可协议"页面，单击"接受"按钮，如图 1-4 所示。

图 1-4　"Adobe 软件许可协议"页面

（5）在"选项"页面，选择软件安装的路径，如"E:\软件安装列表"，如图 1-5 所示。

图 1-5 "选项"页面

（6）选择路径后，单击"安装"按钮，开始显示安装进度，页面如图 1-6 所示。

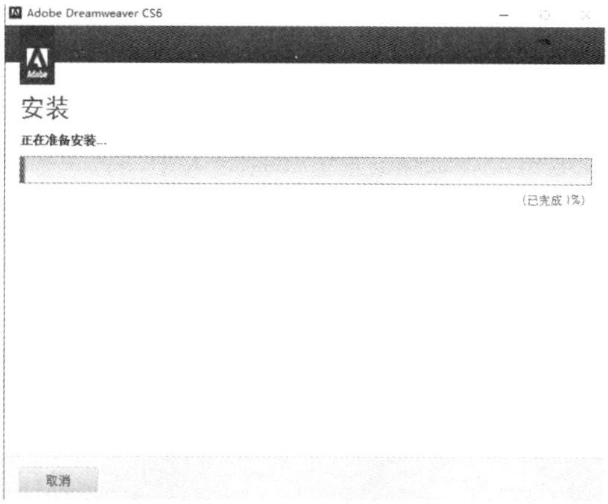

图 1-6 "安装"页面

（7）安装完成后，页面如图 1-7 所示。

图 1-7 "安装完成"页面

任务二　学习 JavaScript 语法

下面主要介绍 JavaScript 中变量、各种数据类型和运算符的概念。

一、变量

在 JavaScript 中，声明变量的关键字是 var，而不像其他编程语言那样区分整型、浮点、字符型等数据类型，且使用不同的关键字（int、double、string、char）。

与代数一样，JavaScript 变量可用于存放值（如 x = 2）和表达式（如 z = x + y）。变量可以使用短名称（如 x 和 y），也可以使用描述性更好的名称（如 age、sum、totalvolume）。变量命名有如下规则：

- 变量名称必须以字母、$（不推荐）或符号（不推荐）开头。
- 变量名称区分大小写（例如，y 和 Y 是不同的变量）。
- 变量不能和 JavaScript 的关键字同名。

【提示】JavaScript 语句和 JavaScript 变量都区分大小写。

JavaScript 声明变量的语句如下：

```
var  x = 2;
var  y = 3;
var  z = x+y;
```

二、基本数据类型

1．数值型

JavaScript 中用于表示数字的数据类型称为数值型，不区分整型、浮点型。数值型用双精度浮点值来表示数字，可以表示（−253，+253）区间中的任何值。数字的值可以使用普通的记法，也可以使用科学记数法。定义数值型数据的语句如下：

```
var  a = 123;
var  b = 25;
var  c = 100;
```

2．布尔型

布尔型是只有"真"和"假"两个值的数据类型。作为逻辑表达式的结果，真用"true"表示，假用"false"表示。事实上，非 0 值即为"真"，0 值即为"假"。布尔型数据通常用来表示某个条件是否成立。定义布尔型数据的语句如下：

```
var d = 'true';
var e = 'false';
```

3．字符串型

在 JavaScript 中，字符串型数据是用引号引起的文本字符串。例如，"你好"或'你真是个聪明的孩子'。每个字符串数据都是 String 对象的实例，其主要用于组织处理由多个字符构成的数据串。字符串可以是引号中的任意文本，可以使用单引号或双引号：

```
var name = 'amy';
var class = "1班";
var grade = "89";
```

三、复合数据类型

除了基本的数据类型，JavaScript 还支持复合数据类型。复合数据类型包括对象和数组两种。对象其实就是一些数据的集合，这些数据可以是字符串型、数值型和布尔型，也可以是复合型。JavaScript 的对象及其作用如表 1-1 所示。

表 1-1　JavaScript 的对象及其作用

名　　称	作　　用
Object	所有对象的基础对象
Array	数组对象，封装了数组的操作和属性
ActiveXObject	活动控件对象
Arguments	参数对象，正在调用的函数的参数
Boolean	布尔对象，提供同布尔型等价的功能
Date	日期对象，封装日期相关的操作和属性的对象
Error	错误对象，保存错误信息
Function	函数对象，用于创建函数
Global	全局对象，所有的全局函数和全局常量归该对象所有
Math	数学对象，提供基本的数学函数和常量
Number	数字对象，代表数值数据类型和提供数值常数的对象
RegExp	正则表达式对象，保存正则表达式信息的对象
String	字符串对象，提供串操作和属性的对象

1．日期对象

JavaScript 将与日期相关的所有特性封装进 Date 对象中，包括日期信息及其操作，主要用来进行与时间相关的操作。Data 对象的一个典型应用是获取当前系统时间，使用前首先创建该对象的一个实例，三种创建方法的语法分别如下：

```
date = new Date();                              // 直接创建
date = new Date( val );                         // 指定日期创建
date = new Date( y,m,d[,h[,min[,sec[,ms]]]] );  // 指定年、月、日、时、分、
                                                // 秒创建
```

参数说明：

（1）val 是必选项。表示指定日期与 1970 年 1 月 1 日 00:00:00 相差的毫秒数。

（2）y，m，d 分别对应年、月、日，必选。h，min，sec，ms 分别对应时、分、秒、毫秒，可选。

这三种创建方法中，根据需要选择一种即可。第一种方法创建一个包含创建时间值的 Date 对象，第二种方法创建一个和 1970 年 1 月 1 日 00:00:00 相差 val 毫秒数的 Date 对象，第三种方法创建一个指定年、月、日、时、分、秒的 Date 对象。

【范例 1-1】显示程序运行时的本地时间。

```
<script language = "javascript">          // 脚本程序开始
var cur = new Date();                     // 创建当前日期对象 cur
var years = cur.getFullYear();            // 从日期对象 cur 中取得年份
var months = cur.getMonth();              // 取得月份
var days = cur.getDate();                 // 取得日期
var hours = cur.getHours();               // 取得（小）时数
var minutes = cur.getMinutes();           // 取得分（钟）数
var seconds = cur.getSeconds();           // 取得秒数
                                          // 显示取得的各个时间值,输出日期信息

alert( "此时时间是: " + years + "年" + (months+1) + "月"+ days + "日" + hours
                      + "时" + minutes + "分"+ seconds + "秒" );
</script>
```

上述代码中，alert()是 window 对象的方法，其作用是弹出警告对话框。也可以写成 window.alert()，通常省略 window 对象。

运行结果如图 1-8 所示。

此网页显示

此时时间是：2018年11月19日20时53分53秒

图 1-8　显示程序运行时的本地时间

2. 数学对象

数学（Math）对象封装了与数学相关的特性，包括一些常数和数学函数，主要用于简单的基本数学计算。Math 对象和全局对象一样，不能使用 new 运算符创建，需要在程序运行时由 JavaScript 环境创建并初始化。

【范例 1-2】从 Math 对象中获取圆周率常数，计算一个半径为 2 单位的圆的面积。

```
<script language = "javascript">          // 脚本程序开始
var r = 2;                                // 定义变量表示半径
var pi = Math.PI;                         // 从 Math 对象中读取圆周率 PI 常量
var s = pi*r*r;                           // 计算面积
alert("半径为 2 单位的圆的面积为: " + s + "单位" );// 显示圆的面积
</script>
```

运行结果如图 1-9 所示。

此网页显示
半径为2单位的圆的面积为：12.566370614359172单位

图 1-9　计算一个半径为 2 单位的圆的面积

3．全局对象

全局（Global）对象是所有全局方法的拥有者，用来统一管理全局方法，全局方法也就是全局函数。该对象不能使用 new 运算符创建对象实例，所有的方法直接调用即可。

4．字符串对象

字符串（String）对象封装了与字符串有关的特性，主要用来处理字符串。通过 String 对象，可以对字符串进行剪切、合并、替换等操作。可以调用该对象的构造函数创建一个实例。其实，在定义一个字符串型变量时也就创建了一个 String 对象实例。调用 String 对象的方法或属性的形式为"对象名.方法名"或"对象名.属性名"，其构造函数如下：

```
String([strVal]);
```

参数 strVal 是一个字符串，可选。上面的函数创建一个包含值为 strVal 的 String 对象。

【范例 1-3】使用字符串的形式输出诗歌《静夜思》。

```
<script language = "javascript">              // 脚本程序开始
var comment = "静夜思"+"<br/>"+"李白"+"<br/>"+"床前明月光，"+"<br/>"+"疑是
              地上霜。"+"<br/>"+"举头望明月，"+"<br/>"+"低头思故乡。";
document.write(comment);                        // 输出内容
</script>
```

运行结果如图 1-10 所示。

图 1-10　输出诗歌《静夜思》

其中，write()方法的作用是向网页文档中输出文本内容，它是文档对象 document 的方法。
是 HTML 标签，其作用是在网页中插入简单的换行符。"+"运算符用于把文本值或字符串变量连接起来。

5．数组对象

数组（Array）对象是 JavaScript 中另一种重要的数据类型。内部对象 Array 封装了所有与数组相关的方法和属性，其内部存在多个数据段组合存储。可以形象地将其理解为：有很多连续房间的楼层，每个房间都可以存放货物，提取货物时只需要给出楼层号和房间编号即可。

四、运算符

1. 基本算术运算符

基本算术运算符用于执行变量与/或值之间的算术运算，如表 1-2 所示。

表 1-2　基本算术运算符（y=5）

运 算 符	描 述	例 子	结 果
+	加	x = y+2	x = 7
–	减	x = y–2	x = 3
*	乘	x = y*2	x = 10
/	除	x = y/2	x = 2.5
%	求余数（保留整数）	x = y%2	x = 1
++	累加	x = ++y	x = 6
——	递减	x = ——y	x = 4

> **注　意**
>
> "+"运算符用于字符串运算时，把文本值或字符串变量连接起来。若需要把两个或多个字符串变量连接起来，则可使用"+"运算符。

```
txt1 = "What a very";
txt2 = "nice day";
txt3 = txt1+txt2;
```

2. 复合运算符

复合运算符如表 1-3 所示。

表 1-3　复合运算符（x=10，y=5）

运 算 符	例 子	等 价 于	结 果
=	x = y		x = 5
+=	x+ = y	x = x+y	x = 15
–=	x– = y	x = x–y	x = 5
*=	x* = y	x = x*y	x = 50
/=	x/ = y	x = x/y	x = 2
%=	x% = y	x = x%y	x = 0

这些运算符的优先级如表 1-4 所示。

表 1-4　运算符的优先级

运 算 符	描　　述
、[]、()	字段访问、数组下标、函数调用及表达式分组
++、--、-、~、!	一元运算符
*、/、%	乘法、除法、取模
+、-、+	加法、减法、字符串连接
<<、>>、>>>	移位
<、<、=、>、>=	小于、小于等于、大于、大于等于
==、!=、===、!==	等于、不等于、严格相等、非严格相等
&	按位与
^	按位异或
|	按位或
&&	逻辑与
||	逻辑或
?:	条件
=、oP=	赋值、运算赋值
,	多重求值

五、数据类型的转换

1. 隐式类型转换

程序运行时，系统根据当前上下文的需要，自动将数据从一种类型转换为另一种类型的过程称为隐式类型转换。此前的代码中，大量使用了 window 对象的 alert() 方法和 document 对象的 write() 方法。可以向这两个方法中传入任何类型的数据，这些数据最终都会被自动转换为字符串型。

2. 显式类型转换

与隐式类型转换相对应的是显式类型转换，此过程需要手动将某数据转换为目标类型。要将某一类型的数据转换为另一类型的数据需要用到特定的方法，比如前面用到的 parseInt()、parseFloat() 等方法。例如：

```
var PI = 3.1415;
var a = parseInt(PI);     //经过转换后，a 的值为 3
```

任务三　项目实施

一、任务目标

（1）熟练掌握在网页中添加 JavaScript 程序的方法。
（2）熟练掌握使用外部 js 文件的方法。

二、任务内容

1. 在网页中添加 JavaScript 程序

由于 JavaScript 程序是要结合网页使用的，因此在学习 JavaScript 前需要具备一定的网页基础知识。目前需要了解的 HTML 基础知识如表 1-5 所示。

表 1-5 HTML 基础知识

标　签	意　　义
`<html>`	包含网页的 HTML 部分
`<head>`	包含网页的页头部分
`<script>`	包含网页的脚本或对外部脚本文件的引用
`<src>`	包含外部脚本的位置
`<title>`	包含网页的标题
`<body>`	包含网页的内容
`<h1>`…`<h6>`	这些标签的内容作为标题信息。`<h1>`的内容是最大尺寸的标题，`<h6>`的内容是最小尺寸的标题
`<a>`	链接到另一个网页
`<href>`	指定当单击链接时，应该转到哪里
`<id>`	分配给链接的 id

通常，脚本可以放在 HTML 页面上的两个位置：`<head>`和`</head>`标签之间（头脚本，header script），或者`<body>`和`</body>`标签之间（体脚本，body script）。有一个标出脚本的 HTML 容器标签，这个标签以`<script>`开头，以`</script>`结束。其中，单行注释以//开头。多行注释以/*开始，以*/结尾。例如：

```
<script type = "text/javascript" >   //这是<script>开始标签
/*写入"Hello, World!"，每行 JavaScript 代码的末尾都使用分号结束*/
document.write("Hello, World!");      //输出 Hello, World!
</script>                             //这是<script>结束标签
```

需要注意的是，`<script>`标签的 type 属性代表文件类型；如果每一行只有一条语句，那么在 JavaScript 行的末尾使用分号是可选的，但建议每一句都以分号结尾；一个页面上可以有任意数量的`<script>`标签，因此也会有多个脚本。

2. 使用外部 js 文件

在 HTML 页面上直接编写的 JavaScript 脚本只能被当前页面使用，因此，这种脚本有时候称为内部脚本。但是，制作网站的过程中需要让多个 HTML 页面共享一个脚本。这要通过包含外部脚本的引用来实现，也就是只包含 JavaScript 的单独文件。这些外部文件称为 js 文件，文件名都以.js 后缀结尾。各个 HTML 页面只需在`<script>`标签中添加 src 属性，就可以调用 js 文件。这就大大减少了每个页面上的代码。更重要的是，这会使站点更容易维护。当需要对脚本进行修改时，只需修改 js 文件，所有引用这个文件的 HTML 页面会自动受到修改的影响。

三、操作步骤

1. 在网页中添加 JavaScript 程序

下面编写一个简单的 JavaScript 程序，来了解其语法结构和在 HTML 页面中的嵌入方法。创建 test01.html，具体代码如下：

```
<html>                          //HTML 文档开始
<body>                          //文档体开始
<script type = "text/javascript">           //脚本程序
document.write("Hello, World!");            //输出经典的 Hello, World!
</script>              //脚本结束
</body>               //文档体结束
</html>               //HTML 文档结束
```

运行结果如图 1-11 所示。

图 1-11　第一个 JavaScript 程序

2. 使用外部 js 文件

创建 test02.html，在<script>标签中引用外部 js 文件 test1.js。test02.html 的代码如下：

```
<!DOCTYPE html>
<html>
<head>
<title>My second script</title>
<script type = "text/javascript" src = " test1.js"></script>
</head>
<body><h1 id = "helloMessage">
</h1>
</body>
</html>
```

程序中的脚本文本 test1.js 是一个外部 js 文件，其具体代码如下：

```
document.write ("Hello, World!");
```

test02.html 的运行结果与图 1-11 相同。

四、拓展内容

在完成以上要求的实训内容后，可以进一步尝试在一个网页中使用多对<script> </script>标签添加 JavaScript 代码，也可以尝试在两个网页中调用同一个外部 js 文件中的 JavaScript 代码。

制作二级联动效果

本项目主要内容

➢ 数组的创建与赋值
➢ 数组的访问与修改
➢ 常用的数组方法
➢ 制作省市二级联动效果

数组就是某类数据的集合，数组的类型可以是数值型、字符串型，甚至是对象。利用数组的特性，可以在数组中存储一组同类型的数据。例如，在网页中制作省市二级联动的效果，就是把所有省份名和市级城市名分别存储在数组中，再结合下拉列表框的事件，实现当省份列表框中的选项改变时，城市列表框中的显示内容随之更新。

JavaScript 本身只支持一维数组，不支持多维数组。在用到二维数组时，可以将一维数组的分项又定义为一个数组。二维数组本质上就是用数组构成的数组。

任务一　数组的创建与赋值

1. 使用构造函数

使用构造函数进行数组的创建与赋值，代码如下：

```
var array1 = new Array();      //空数组
var array2 = new Array(5);     //指定数组长度
var array3 = new Array("a","b","c");  //定义并赋值
```

当无法提前预知数组最终元素个数时，可声明未知个数的数组：

```
var fruit = new Array();
fruit[0] = "Apple";
fruit[1] = "Orange";
fruit[2] = "Pear";
```

2. 对数组直接赋值

对数组直接赋值的代码如下：

```
var array4 = ["a","b","c"];
```

任务二　数组的访问与修改

通过指定数组名及索引号，可以访问某个特定的元素：

```
document.write(fruit[1]);
```

即可输出：

```
Orange
```

如需修改已有数组中的值，只要向指定索引号添加一个新值即可：

```
fruit[1] = "Cherry";
```

此时上面的语句：

```
document.write(fruit[1]);
```

将输出：

```
Cherry
```

JavaScript 的数组不需要预先设定长度，会自己进行扩展，"数组名.length"会返回数组中的元素个数。

任务三　常用的数组方法

对数组操作的常用方法包括数组元素的增加、删除、截取和合并等。

1. push()

push()将一个或多个新元素添加到数组末尾，并返回数组新长度：

```
arrayObj.push([item1[,item2[,...[,itemN]]]]);
```

使用 push()方法可以把它的参数按顺序添加到 ayyayObj 的尾部。它直接修改 arrayObj，而不是创建一个新的数组。

【范例 2-1】向数组尾部添加元素。

```
var arrayNum = [1,2];
var len = arrayNum.push(3,4);
alert("长度为："+len+"--"+arrayNum);
```

在 Chrome 浏览器中的运行结果如图 2-1 所示。

此网页显示

长度为：4--1,2,3,4

确定

图 2-1　向数组尾部添加元素

2. unshift()

unshift()将一个或多个新元素添加到数组前端，原来数组中的元素自动后移，返回数组新长度：

```
arrayObj.unshift([item1[,item2[,...[,itemN]]]]);
```

【范例2-2】在数组前端插入数据。

```
var arrayNum = [1,2];
var len = arrayNum.unshift(3,4);
alert("长度为: "+len+"--"+arrayNum);
```

在 Chrome 浏览器中的运行结果如图 2-2 所示。

图 2-2 在数组前端插入数据

3. shift()

shift()用于把数组的第一个元素从数组中删除，并返回该元素的值：

```
arrayObj.shift();
```

如果数组是空的，那么 shift()方法将不进行任何操作，返回 undefined 值。

【范例2-3】删除数组前端的元素。

```
var fruit = new Array();
fruit[0] = "Apple";
fruit[1] = "Orange";
fruit[2] = "Pear";
alert(fruit + "\n"+fruit.shift()+"\n"+fruit);
```

在 Chrome 浏览器中的运行结果如图 2-3 所示。

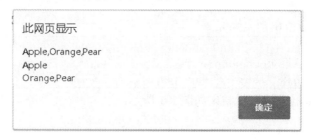

如图 2-3 删除数组前端的元素

4. pop()

pop()用于把数组的最后一个元素从数组中删除，并返回该元素的值：

```
arrayObj.pop();
```

【范例2-4】删除数组尾部的元素。

```
var fruit = new Array();
fruit[0] = "Apple";
fruit[1] = "Orange";
fruit[2] = "Pear";
alert(fruit + "\n"+fruit.pop()+"\n"+fruit);
```

在 Chrome 浏览器中的运行结果如图 2-4 所示。

此网页显示

Apple,Orange,Pear
Pear
Apple,Orange

确定

图 2-4　删除数组尾部的元素

5. slice()

slice()用于以数组的形式返回数组的一部分，即截取数组的一部分：

```
arrayObj.slice(start,[end]);
```

注　意

数组截取时不包括 end 对应的元素。如果省略 end，那么将复制 start 之后的所有元素。

【范例2-5】截取数组的部分元素。

```
var arr1 = new Array();
arr1[0] = "one";
arr1[1] = "two";
arr1[2] = "three";
arr1[3] = "four";
arr1[4] = "five";
var temp = arr1.slice(1,2);
alert(temp);
```

在 Chrome 浏览器中的运行结果如图 2-5 所示。

此网页显示

two

确定

图 2-5　截取数组的部分元素

6. concat()

concat()将多个数组（也可以是字符串，或者是数组和字符串的混合）连接为一个数组，返回连接好的新数组：

```
arrayObj.concat([item1[,item2[,…[,itemN]]]]);
```

该方法不会改变现有的数组，而是返回被连接数组的副本。该副本数组将所有 item 参数添加到 arrayObj 中。如果要进行 concat()操作的参数是数组，那么添加的是数组中的元素，而不是数组。

【范例 2-6】多个数组连接。

```
var arr1 = new Array(3);
arr1[0] = "one";
arr1[1] = "two";
arr1[2] = "three";
var arr2 = new Array(3);
arr2[0] = "four";
arr2[1] = "five";
arr2[2] = "six";
var temp = arr1.concat(arr2);
alert(temp);
```

在 Chrome 浏览器中的运行结果如图 2-6 所示。

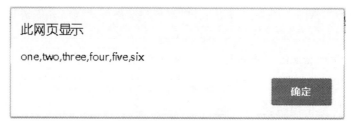

图 2-6　多个数组连接

7. sort()

sort()用于对数组元素排序：

```
sort(item1,item2[,…[,itemN]]]);
```

【范例 2-7】对数组中的数据进行排序。

```
var arr = new Array(6);
arr[0] = "George";
arr[1] = "John";
arr[2] = "Thomas";
arr[3] = "James";
arr[4] = "Adrew";
arr[5] = "Martin";
alert(arr + "\n" + arr.sort());
```

在 Chrome 浏览器中的运行结果如图 2-7 所示。

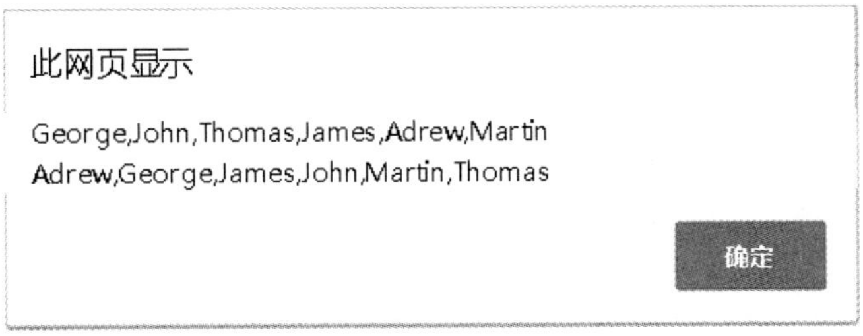

图 2-7　对数组中的元素进行排序

任务四　项目实施

一、任务目标

（1）熟练掌握 JavaScript 中一维数组和二维数组的创建和初始化。

（2）熟练掌握 JavaScript 中下拉列表项的创建和添加。

二、任务内容

省市二级联动是网页中常见的效果，通过下拉列表选择某个省份，能刷新另一个下拉列表中的城市列表。在省市二级联动效果的制作中，省份和城市的数据存储在数组中，用一维数组 proArr 存储所有省份，用二维数组 cityArr 存储省份对应的城市，该二维数组的元素用于记录某省份下的所有城市。省份与城市的对应关系通过数组元素的索引来维护，即 proArr[i] 中存储的省份所对应的城市列表为 cityArr[i]。

实现上述效果的关键技术在于：使用一维数组和二维数组存储省份和城市数据；使用 JavaScript 操作下拉列表的选项，包括创建选项、添加选项和清除选项。

三、操作步骤

（1）运行 Dreamweaver 软件，新建 HTML 标准网页文件 selectCity.html 和脚本文件 selectCity.js。

（2）selectCity.html 的代码如下：

```
<!doctype html>
<html>
<head>
<meta charset = "utf-8">
<title>省市二级联动效果</title>
<script src = "js/selectCity.js" type = "text/javascript" language = "javascript">
</script>
</head>
```

```
<body>
省份：
<select name = "selPro" id = "selPro">
</select><br>
城市：
<select name = "selCity" id = "selCity">
</select>
</body>
</html>
</html>
```

selectCity.js 的代码如下：

```
//存储所有省份
var proArr = [];
proArr[0] = ['北京市'];
proArr[1] = ['天津市'];
proArr[2] = ['上海市'];
proArr[3] = ['重庆市'];
proArr[4] = ['河北省'];
proArr[5] = ['河南省'];
proArr[6] = ['云南省'];
proArr[7] = ['辽宁省'];
proArr[8] = ['黑龙江省'];
proArr[9] = ['湖南省'];
proArr[10] = ['安徽省'];
proArr[11] = ['山东省'];
proArr[12] = ['新疆维吾尔自治区'];
proArr[13] = ['江苏省'];
proArr[14] = ['浙江省'];
proArr[15] = ['江西省'];
proArr[16] = ['湖北省'];
proArr[17] = ['广西壮族自治区'];
proArr[18] = ['甘肃省'];
proArr[19] = ['山西省'];
proArr[20] = ['内蒙古自治区'];
proArr[21] = ['陕西省'];
proArr[22] = ['吉林省'];
proArr[23] = ['福建省'];
proArr[24] = ['贵州省'];
proArr[25] = ['广东省'];
proArr[26] = ['青海省'];
proArr[27] = ['西藏自治区'];
proArr[28] = ['四川省'];
proArr[29] = ['宁夏回族自治区'];
proArr[30] = ['海南省'];
```

18

```
    proArr[31] = ['台湾省'];
    proArr[32] = ['香港特别行政区'];
    proArr[33] = ['澳门特别行政区'];

    //市县,二维数组,每个元素是一个数组,该数组第一个元素为省份,其他的为这个省份下的市县
    var cityArr = [];
    cityArr[0] = ['北京市','东城区','西城区','朝阳区','丰台区','石景山区','海淀区',
'门头沟区','房山区','通州区','顺义区','昌平区','大兴区','怀柔区','平谷区','密云区',
'延庆区'];
    cityArr[1] = ['天津市','和平区','河东区','河西区','南开区','河北区','红桥区','滨
海新区','东丽区','西青区','津南区','北辰区','武清区','宝坻区','宁河区','静海区','蓟州
区'];
    cityArr[2] = ['上海市','黄浦区','徐汇区','长宁区','静安区','普陀区','虹口区','杨
浦区','闵行区','宝山区','嘉定区','浦东新区','金山区','松江区','青浦区','奉贤区','崇明
区'];
    cityArr[3] = ['重庆市','万州区','涪陵区','渝中区','大渡口区','江北区','沙坪坝
区','九龙坡区','南岸区','北碚区','渝北区','巴南区','黔江区','长寿区','江津区','合川区',
'永川区','南川区','綦江区','潼南区','铜梁区','大足区','荣昌区','璧山区','梁平区','城
口县','丰都县','垫江县','武隆区','忠县','开州区','云阳县','奉节县','巫山县','巫溪县
','石柱土家族自治县','秀山土家族苗族自治县','酉阳土家族苗族自治县','彭水苗族土家族自治县'];
    cityArr[4] = ['河北省','石家庄市','唐山市','秦皇岛市','邯郸市','邢台市','保
定市','张家口市','承德市','沧州市','廊坊市','衡水市'];
    cityArr[5] = ['河南省','郑州市','开封市','洛阳市','平顶山市','安阳市','鹤壁市',
'新乡市','焦作市','濮阳市','许昌市','漯河市','三门峡市','南阳市','商丘市','信阳市','
周口市','驻马店市'];
    cityArr[6] = ['云南省','昆明市','曲靖市','玉溪市','保山市','昭通市','丽江市','普
洱市','临沧市','楚雄彝族自治州','红河哈尼族彝族自治州','文山壮族苗族自治州','西双版纳傣
族自治州','大理白族自治州','德宏傣族景颇族自治州','怒江傈僳族自治州','迪庆藏族自治州'];
    cityArr[7] = ['辽宁省','沈阳市','大连市','鞍山市','抚顺市','本溪市','丹东市','锦
州市','营口市','阜新市','辽阳市','盘锦市','铁岭市','朝阳市','葫芦岛市'];
    cityArr[8] = ['黑龙江省','哈尔滨市','齐齐哈尔市','鸡西市','鹤岗市','双鸭山市',
'大庆市','伊春市','佳木斯市','七台河市','牡丹江市','黑河市','绥化市','大兴安岭地区'];
    cityArr[9] = ['湖南省','长沙市','株洲市','湘潭市','衡阳市','邵阳市','岳阳市','常
德市','张家界市','益阳市','郴州市','永州市','怀化市','娄底市','湘西土家族苗族自治州'];
    cityArr[10] = ['安徽省','合肥市','芜湖市','蚌埠市','淮南市','马鞍山市','淮北
市','铜陵市','安庆市','黄山市','滁州市','阜阳市','宿州市','六安市','亳州市','池州市','宣城
市'];
    cityArr[11] = ['山东省','济南市','青岛市','淄博市','枣庄市','东营市','烟台市',
'潍坊市','济宁市','泰安市','威海市','日照市','临沂市','德州市','聊城市','滨州市','菏
泽市'];
    cityArr[12] = ['新疆维吾尔自治区','乌鲁木齐市','克拉玛依市','吐鲁番市','哈密市',
'昌吉回族自治州','博尔塔拉蒙古自治州','巴音郭楞蒙古自治州','阿克苏地区','克孜勒苏柯尔克
孜自治州','喀什地区','和田地区','伊犁哈萨克自治州','塔城地区','阿勒泰地区'];
    cityArr[13] = ['江苏省','南京市','无锡市','徐州市','常州市','苏州市','南通市',
'连云港市','淮安市','盐城市','扬州市','镇江市','泰州市','宿迁市'];
    //以下略
```

```
//显示省份
var selPro;
var selCity;
var i,j;
var newOp;
window.onload = function()    //网页加载完成时，执行匿名函数中的代码
{
    selPro = document.getElementById("selPro");   //省份下拉列表
    selCity = document.getElementById("selCity");//城市下拉列表
    //添加省份
    selPro.innerHTML = "";                        //清除所有省份
    for(i = 0; i<proArr.length; i++)
    {
        newOp = new Option(proArr[i], i);        //创建一个下拉选项对象
        selPro.options.add(newOp);               //添加选项
    }
    //设置省份改变事件
  selPro.onchange = function(){
    var indexPro = selPro.selectedIndex;         //所选省份的索引
    var valuePro = selPro[indexPro].value;       //所选省份对应的值与索引相等
    var cityNames = cityArr[valuePro];           //某省份对应的城市，是一维数组
    //添加城市
    selCity.innerHTML = "";                      //清除所有城市
    for(i = 1; i<cityNames.length; i++)          //从 1 开始，0 是省份名
    {
        newOp = new Option(cityNames[i], i);//创建下拉选项对象
        selCity.options.add(newOp);              //添加选项
    }
  };
}
```

（3）运行结果如图 2-8 所示。

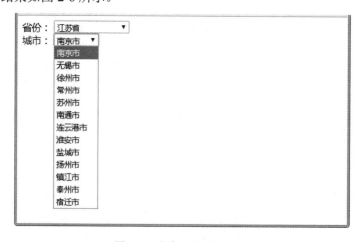

图 2-8　省市二级联动效果

四、拓展内容

在完成以上要求的实训内容后，还可以进一步完善省市二级联动效果。目前，第一次浏览该页面效果时，省份下拉列表显示"北京市"，而对应的城市下拉列表却是空的，这显然不太合理。可以在本项目的基础上稍做修改，实现第一次浏览时也能显示对应的城市列表。

输出九九乘法表

本项目主要内容

➢ 条件控制语句

➢ 循环控制语句

➢ 输出九九乘法表

和其他编程语言一样，JavaScript 也具有各种语句来进行流程上的判断。从本质上看，语句定义了 JavaScript 中的主要语法。语句通常使用一个或多个关键字来完成给定任务。语句可以很简单，如通知函数退出；也可以比较复杂，如指定重复执行某个命令的次数。

任务一　条件控制语句

条件控制语句依照某种条件判断该代码段是否执行。实际生活中往往存在选择分支的情况。一般来说，像抛硬币之类的事件存在着正面和反面两个分支，像选择出行路径之类的事件往往存在多个分支。分支的数量不同将决定程序的不同行为表现。常用的条件控制语句有两种：

（1）if-else 语句，这种语句的作用场景为只有两个分支的程序选择。

（2）switch 语句，这种语句的作用场景为具有多个分支的程序选择。

一、if-else 语句

对程序流程进行条件判断时，最为常用的一条语句就是 if-else 语句。

在开始详细介绍 if-else 语句的用法之前，首先需要了解，一个选择结构通常包括多个分支，这些分支代表着程序执行时在不同条件下表现出的不同的行为。下面从一个简单的算法开始讨论分支结构。

假设一个程序需要输出一个数的绝对值，可以得到如下的算法步骤（流程图如图 3-1 所示）：

（1）从程序外输入整数 X。

（2）判断输入的整数 X 是否小于 0，若小于 0，则执行步骤（3），否则执行步骤（4）。

（3）返回−X。

（4）返回 X。

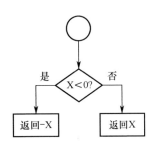

图 3-1　绝对值计算的流程图

图 3-1 表达的是上面例子中选择结构程序的流程图。在选择结构中，"X<0？"（菱形部分）对应的是步骤（2）。菱形的左右分别有是和否的两个分支，两个分支分别执行对应的两个操作步骤（是与否箭头指向的长方形部分），这两个步骤分别对应算法步骤（3）、步骤（4）。

由此归纳可得，上面的判断框是选择结构中的一种，为双分支选择结构，条件判断结果决定程序的走向，如"X<0？"（菱形部分）。

由此可知，if-else 语句的语法如下：

```
if (condition) statement1 else statement2
```

其中的条件 condition 可以是任意的表达式，且该条件表达式的值不一定是布尔值。ECMAScript（脚本程序设计语言的标准）会自动调用 Boolean()转换函数将这个表达式的结果转换为一个布尔值。if-else 语句的执行过程为：若对 condition 求值的结果是 true，则执行 statement1（语句 1）；若对 condition 求值的结果为 false，则执行 statement2（语句 2）。语句 1 和语句 2 既可以是一行代码，又可以是一个代码块(以一对花括号括起来的多行代码)。

if-else 语句的流程图如图 3-2 所示。

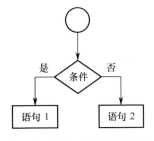

图 3-2　if-else 语句的流程图

【范例 3-1】根据年龄显示不同内容。

```
<body>
<script>
var age = 20;
if (age >= 18){// 若 age >= 18 为 true，则执行 if 语句块
    alert('成年人');
```

```
}else{// 否则执行 else 语句块
    alert('青少年');
}
</script>
</body>
```

在 Chrome 浏览器中的运行结果如图 3-3 所示。

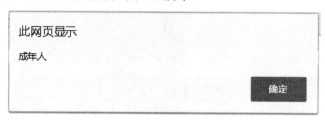

图 3-3　根据年龄显示不同内容

其中，else 子句是可选的，如果语句块只包含一条语句，那么可以省略{}，修改范例 3-1 如下：

```
var age = 20;
if(age >= 18)
    alert('成年人');
else
    alert('青少年');
```

省略{}的危险之处在于，如果后来想添加一些语句，却忘了写{}，那么就改变了 if-else 的语义。再修改范例 3-1 如下：

```
var age = 20;
if(age >= 18)
    alert('成年人');
else
    console.log('年龄小于 18 岁'); // 添加一行日志
    alert('青少年'); //这条语句已经不在 else 的控制范围了
```

上述代码的 else 子句实际上只负责执行"console.log('年龄小于 18 岁');"，原有的"alert('青少年');"已经不属于 if-else 的控制范围了，无论条件判断的表达式结果是真还是假，它每次都会执行。

相反地，有{}的语句就不会出错：

```
var age = 20;
if(age >= 18){
    alert('成年人');
}else{
    console.log('年龄小于 18 岁');
    alert('青少年');
}
```

所以，业界推崇的最佳写法是始终使用代码块，即使要执行的只有一行代码也是如此。

因为这样可以消除人们的误解，否则可能让人分不清在不同条件下分别要执行哪些语句。

如果还需要进行更细致的判断条件，那么可以使用多条 if-else 语句的组合。可以把多条 if-else 语句写在一行代码中，如：

```
if(condition1) statement1 else if(condition2) statement2 else statement3
```

以上语句虽然不会有错误，但是我们推荐的写法则是下面这样：

```
if(condition1){
    statement1
}else if(condition2){
    statement2
}else{
    statement3
}
```

多条 if-else 控制语句的流程图如图 3-4 所示。

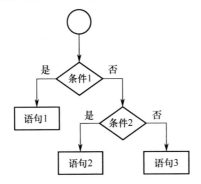

图 3-4　多条 if-else 控制语句的流程图

例如，我们修改范例 3-1，进行更细致的判断。

【范例 3-2】根据年龄显示不同内容。

```
<body>
<script>
var age = 3;
if(age >= 18){
    alert('成年人');
}else if(age >= 6){
    alert('青少年');
}else{
    alert('儿童');
}
</script>
</body>
```

在 Chrome 浏览器中的运行结果如图 3-5 所示。

图 3-5　根据年龄显示不同内容

【范例 3-3】数学考试中，小明考了 86 分，给他做个评价，60 分以下为不及格，60（含 60）～75 分为良好，75（含 75）～85 分为很好，85（含 85）～100 分为优秀。

```html
<body>
<script type = "text/javascript">
var myscore = 86;
if(myscore < 60){
    alert("成绩不合格，加油");
}else if(myscore >= 60 && myscore < 75){
    alert("成绩良好，不错呀");
}else if(myscore> = 75 && myscore <85){
    alert("成绩很好，很棒");
}else{
    alert("成绩优秀，超级棒");
}
</script>
</body>
```

在 Chrome 浏览器中的运行结果如图 3-6 所示。

图 3-6　判断成绩

二、switch 语句

在日常生活中，针对回答条件是与否的判断，使用双分支结构能够解决问题，但是在逻辑结构上，分支的形式不止双分支。在 JavaScript 中，可以通过 switch 关键字实现多分支结构。

例如，监控用户的输入，若输入为大写字母 A, B, C,…，则替换为小写，否则直接返回。

用 if-else 语句也可以实现上述功能要求，但逻辑关系不容易表达清楚，所以，当有多种选择时，switch 语句比 if-else 语句使用更方便。

switch 语句的优点：选择结构更加清晰，一目了然；执行速度相对较快。

switch 语句的语法如下：

```
switch(表达式){
    case 常量1:
        语句1;
        break;
    case 常量2:
        语句2;
        break;
    ......
    default:
        语句;
}
```

要注意以下几点：

（1）switch 后面括号内的"表达式"，应该为整型（包括字符串型）。

（2）switch 下面的花括号是一条复合语句。意味着包含若干条语句，它是 switch 语句中的语句体。语句体内包括多个以关键字 case 开头的语句行和一个以 default 开头的语句行，case 后面跟着一个常量或常量表达式，在表达式后面需要跟一个冒号，如 case'A':，case 0:等。

（3）switch 语句执行时，先计算括号内表达的值，将这个值与 case 后面的常量进行匹配。若匹配成功，则进入该 case 所表示的分支。

（4）若没有与任何 case 后面的常量相匹配，则执行 default 后面的语句。可以没有 default 标号及后面的语句，但此时若没有与任何 case 后面的常量相匹配，则不执行任何语句。

（5）每个 case 后面的常量必须互不相同，否则会出现矛盾的现象（同值不同的入口冲突）。

（6）case 标号只起标记作用，在执行 switch 语句时，根据 switch 表达式的值找到入口，在执行一条 case 语句后会顺序执行下去，直到遇到 break 语句跳出顺序执行。

（7）在 case 语句中，如果包含了一条以上的执行语句，可不必加花括号。程序执行时会顺序执行，加花括号也不会有影响。

（8）多条 case 语句可以公用一条执行语句，例如：

```
case 'A':
case 'B':
case 'C': b++;
```

【范例3-4】判断当前是星期几。

```
<body>
<script>
iwork = parseInt(prompt("请输入 0~6 的值"));
switch(iwork){
    case 0:
        alert("星期天");
        break;
    case 1:
        alert("星期一");
```

```
        break;
    case 2:
        alert("星期二");
        break;
    case 3:
        alert("星期三");
        break;
    case 4:
        alert("星期四");
        break;
    case 5:
        alert("星期五");
        break;
    case 6:
        alert("星期六");
        break;
    default:
        alert("要输入合理值");
    }
    </script>
    </body>
```

在 Chrome 浏览器中的运行结果如图 3-7、图 3-8 所示。

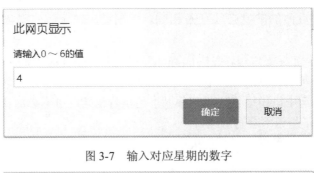

图 3-7　输入对应星期的数字

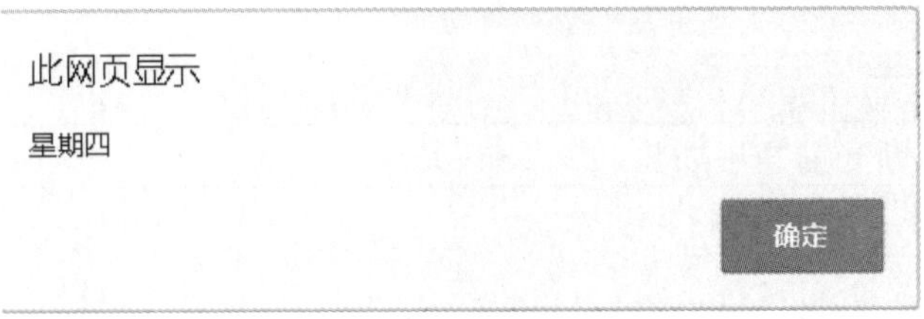

图 3-8　判断是星期几

在 switch 语句中,几条 case 语句是可以公用一条指令的,相邻的 case 具有相同指令的,可以只写最后一条指令,然后写 break 结束选择结构。

【范例 3-5】根据输入的月份判断季节。

```
<body>
<script>
var month = Number(prompt("请输入月份"));
var season = "";
switch (month){
    case 12:
    case 1:
    case 2:
        season = "冬";
        break;
    case 3:
    case 4:
    case 5:
        season = "春";
        break;
    case 6:
    case 7:
    case 8:
        season = "夏";
        break;
    case 9:
    case 10:
    case 11:
        season = "秋";
        break;
    default:
    season = "请输入正确的月份";
}
alert(season);
</script>
</body>
```

在 Chrome 浏览器中的运行结果如图 3-9、图 3-10 所示。

图 3-9　输入月份

图 3-10　根据月份判断季节

以上多个例子说明：

（1）由于每次执行 switch 语句时，并不是所有的 case 表达式都能执行到，因此，应该避免使用带有副作用的 case 表达式，如函数调用表达式和赋值表达式。最安全的做法是在 case 表达式中使用常量表达式。

（2）default 一般都出现在 switch 语句的末尾，位于所有 case 之后。当然这是最合理的也是最常用的写法，实际上，default 可以放置在 switch 语句内的任何地方。

（3）switch 语句中，对每个 case 的匹配操作实际上是恒等运算符（===）比较，而不是相等运算符（==）比较，因此，表达式和 case 的匹配并不会做任何数据类型转换。

任务二　循环控制语句

对于程序设计初学者来说，循环结构程序设计在三大结构（顺序结构、选择结构、循环结构）中是最难掌握的。但是用来表示循环结构的语法并不难掌握，重点是要学会如何运用循环结构的设计思想来解决实际问题。

一、for 循环

for 循环语句要求在执行循环之前初始化变量和定义循环后要执行的代码。for 循环语句的语法如下：

```
for(起始状态；判断条件；状态改变){
    执行语句；
}
```

for 循环的执行顺序：判断条件→执行语句→状态改变。因此，for 循环的功能可以用下面的过程来描述：

（1）计算起始状态。

（2）计算判断条件，判断条件若为真，则执行循环体中的"执行语句"，跳到第（3）步执行；若为假，则循环结束，退出循环。

（3）计算状态改变。

（4）跳转到第（2）步执行。

for 循环的流程图如图 3-11 所示。

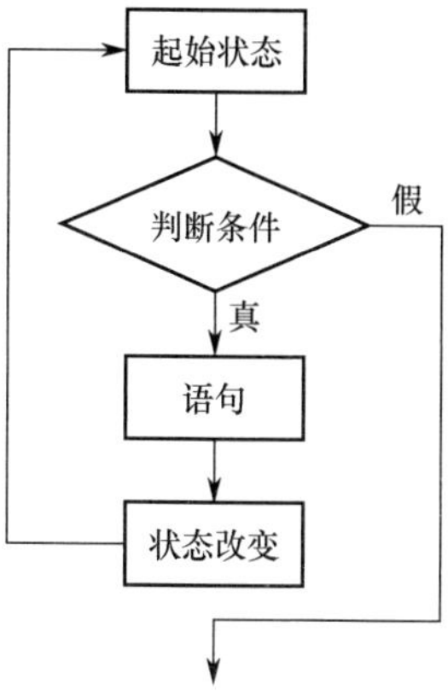

图 3-11　for 循环的流程图

例如：

```
var count = 10;
for(var i = 0; i < count; i++){
    alert(i);
}
```

以上代码定义了变量 i 的初始值为 0 。只有当条件表达式（i<count）返回 true 的情况下才会进行 for 循环，因此也有可能不会执行循环体中的代码。若执行了循环体中的代码，则一定会对循环后的表达式（i++）求值，即递增 i 的值。

i = 0 是起始状态，将变量 i 置为 0；i<count 是判断条件，满足就继续循环，不满足就退出循环；i++ 是每次循环后的状态改变条件，由于每次循环后变量 i 都会加 1，因此它终将在若干次循环后不满足判断条件 i<count 而退出循环。

在 for 循环的变量初始化表达式中，也可以不使用 var 关键字。该变量的初始化可以在外部执行。

例如：

```
var count = 10;
var i;
for(i = 0; i < count; i++){
    alert(i);
}
```

以上代码与在循环初始化表达式中声明变量的效果是一样的。由于 ECMAScript 中不存在块级作用域，因此在循环内部定义的变量也可以在外部访问到。

例如：

```
var count = 10;
for(var i = 0; i < count; i++){
    alert(i);
}
alert(i);//输出 10
```

在这个例子中，会有一个警告框显示循环完成后变量 i 的值，这个值是 10。这是因为，即使 i 是在循环内部定义的一个变量，但在循环外部仍然可以访问到它。

此外，for 循环中的起始状态、判断条件、状态改变三个表达式都是可选的。若将这三个表达式全部省略，则会创建一个无限循环，例如：

```
for(;;){ // 无限循环
    doSomething();
}
```

也可以只给出判断条件表达式：

```
var count = 10;
var i = 0;
for(;i < count;){
    alert(i);
    i++;
}
```

由于 for 循环存在极大的灵活性，因此它也是 ECMAScript 中最常用的语句之一。

【范例 3-6】累加求和，求 100 以内所有数相加的和。

```
<body>
<script>
var sum = 0;
for(var i = 1;i < 100;i++){
    sum += i;
}
alert(sum);
</script>
</body>
```

在 Chrome 浏览器中的运行结果如图 3-12 所示。

图 3-12　100 以内所有数相加的和

使用 for 循环时需要注意：

（1）for 循环中的"起始状态（循环变量赋初值）""判断条件（循环条件）"和"状态改变（循环变量增量）"都是可选择项，即可以省略，但"；"不能省略。

（2）省略"起始状态（循环变量赋初值）"，表示不对循环控制变量赋初值。

（3）省略"判断条件（循环条件）"，表示不对循环控制变量进行条件判断。注意，可能成为死循环。

例如：

```
for(i = 1;;i++) sum = sum+i;
```

相当于：

```
    i = 1;
    while(1)
    { sum = sum + i;
        i++;}
```

（4）省略"状态改变（循环变量增量）"，表示不对循环控制变量进行修改，这时可在语句体中加入修改循环控制变量的语句。

例如：

```
    for(i = 1;i <= 100;)
    { sum = sum + i;
        i++;}
```

（5）省略"起始状态（循环变量赋初值）"和"状态改变（循环变量增量）"。

例如：

```
    for(;i <= 100;)
    { sum = sum + i;
        i++;}
```

相当于：

```
    while(i <= 100)
    { sum = sum + i;
        i++;}
```

（6）三个表达式都省略。

例如：

```
    for(;;)
```

相当于：

```
    while(1)
```

（7）起始状态可以是设置循环变量初值的赋值表达式，也可以是其他表达式。

例如：

```
    for(sum = 0;i <= 100;i++) sum = sum + i;
```

（8）起始状态和状态改变可以是一个简单表达式，也可以是逗号表达式。

（9）判断条件一般是关系表达式或逻辑表达式，但也可以是数值表达式或字符表达式，只要其值非零，就执行循环体。

循环嵌套：for 循环嵌套就是一个 for 循环里面套着一个 for 循环。例如，我们熟知的九九乘法表的打印，就可以用一个两重 for 循环来实现。外层的 for 循环控制行，内层的 for 循环控制列。格式如下：

```
    for(;;)
    {
        for(;;)
        {
        ......
        }
    }
```

【范例 3-7】输出九九乘法表。

```
<body style = "text-align:left">
<script>
for(var j = 1; j <= 9; j++){
    var str = '',s = '';
    for(var  i = 1;i <= j;i++){
        s = i + '*' + j + ' ';
        str += s;
    }
    document.write(str + '<br/>');
}
</script>
</body>
```

在 Chrome 浏览器中的运行结果如图 3-13 所示。

```
1*1
1*2 2*2
1*3 2*3 3*3
1*4 2*4 3*4 4*4
1*5 2*5 3*5 4*5 5*5
1*6 2*6 3*6 4*6 5*6 6*6
1*7 2*7 3*7 4*7 5*7 6*7 7*7
1*8 2*8 3*8 4*8 5*8 6*8 7*8 8*8
1*9 2*9 3*9 4*9 5*9 6*9 7*9 8*9 9*9
```

图 3-13　九九乘法表

二、while 循环

while 循环会在指定条件为真时循环执行代码块。while 循环属于前测试循环语句，也就是说，在循环体内的代码被执行之前，就会对出口条件求值。因此，循环体内的代码有可能永远不会被执行。while 循环的流程图如图 3-14 所示。while 循环的语法如下：

```
while(表达式)  statement
```

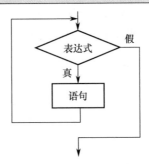

图 3-14　while 循环的流程图

while 循环的示例如下：

```
var i = 0;
while(i < 10){
  i += 2;
}
```

在这个例子中，变量 i 开始时的值为 0，每次循环都会递增 2。而只要 i 的值小于 10，循环就会继续下去。

使用 while 循环时，需要注意的问题如下：

（1）循环次数的控制要正确。使用循环结构程序设计，有时可以通过循环变量来控制循环次数。

（2）循环体包含一条以上的语句时，一定要用花括号括起来，否则，程序只将第一条语句作为循环体。

（3）在循环体内，要有使循环趋于结束的语句，否则，可能导致无限循环。

【范例3-8】累加求和，求 100 以内所有数相加的和。

首先分析此题的特点：

（1）此题有一个明显的特征，即重复执行加法动作，是将 100 个数进行累加的问题。那么我们就可以想到使用循环结构来解决本问题，循环执行加法运算，执行 100 次。

（2）既然知道了需要累加 100 次，那么接下来就要分析累加的数值有什么变化规律。通过观察，可以发现，累加的数都有一个规律，就是后一个数是前一个数加 1。所以，我们可以在每一次循环加法运算的同时，对累加的数进行自加 1 运算，就可以得到下一个数。

为了使思路可以更加清晰，画出该题具体实现的流程图，如图 3-15 所示。

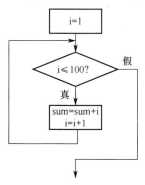

图 3-15　求 100 以内所有数相加的和的流程图

代码如下：

```
<body>
<script>
var sum = 0;
var i = 1;
while(i<100){
  sum += i;
  i++;
```

```
    }
    alert(sum);
    </script>
    </body>
```

在 Chrome 浏览器中的运行结果如图 3-16 所示。

此网页显示

4950

确定

图 3-16 100 以内所有数相加的结果

三、do-while 循环

do-while 循环是一种后测试循环语句，即只有在循环体中的代码执行之后，才会测试出口条件。换句话说，在对条件表达式求值之前，循环体内的代码至少会被执行一次。do-while 循环的流程图如图 3-17 所示。

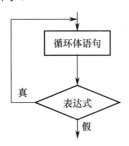

图 3-17 do-while 循环的流程图

do-while 循环的语法如下：

```
    do{
        statement
    }while(表达式);
```

do-while 循环的示例如下：

```
    var i = 0;
    do{
        i += 2;
    }while(i < 10);
    alert(i);
```

在这个例子中，只要变量 i 的值小于 10，循环就会一直继续下去。而且变量 i 的值最初为 0，每次循环都会递增 2。

　　do-while 循环与 while 循环的区别在于 do-while 循环先执行一次循环体，再进行表达式的判断，因此循环体中的语句至少要执行一次。在设计程序时，若不知道循环重复执行的次数，且第一次必须执行，则常采用 do-while 语句。

　　理解了 do-while 循环与 while 循环之间的区别之后，下面将范例 3-8 采用 do-while 循环的形式进行编写。

【范例 3-9】累加求和，求 100 以内所有数相加的和。

　　程序实现的流程图如图 3-18 所示。

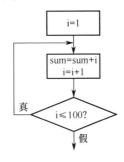

图 3-18　求 100 以内所有数相加的和的流程图（do-while 循环）

代码如下：

```
<body>
<script>
var sum = 0;
var i = 1;
do{
    sum += i;
    i++;
}while(i<100);
alert(sum);
</script>
</body>
```

在 Chrome 浏览器中的运行结果如图 3-19 所示。

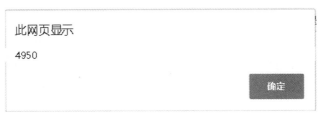

图 3-19　程序运行结果

使用 do-while 循环，需要注意的问题如下：

（1）为了避免误读，do-while 循环的循环体中即使只有一条语句，也要用花括号括起来。

（2）编写 do-while 循环时切勿忘记 while（表达式）后需要添加 ";"。

四、break 和 continue 语句

break 和 continue 语句用于在循环中精确地控制代码的执行。其中，break 语句会立即退出循环，从而强制开始继续执行循环后面的语句。而 continue 语句虽然也是立即退出循环，但退出循环后又会从循环的开始位置继续执行循环。

根据以上分析可知，continue 语句只结束本次循环，而不是终止整个循环。而 break 语句则是终止整个循环，不再执行循环体。

break 与 continue 语句的流程图如图 3-20 所示，通过流程图可以更加直观地看到两者之间的区别。

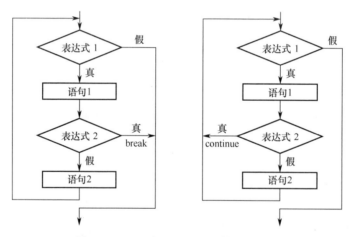

图 3-20　break 与 continue 语句的流程图

【范例 3-10】从 1 循环到 10，当能把 5 除尽时跳出循环。

```
<body>
<script>
var num = 0;
for(var i = 1;i < 10;i++){
  if(i % 5 == 0){
    break;
  }
  num++;
}
alert(num);//结果为 4
</script>
</body>
```

在 Chrome 浏览器中的运行结果如图 3-21 所示。

此网页显示

4

确定

图 3-21　跳出循环的结果

在 for 循环体内，有一条 if 语句用来检查 i 的值是否可以被 5 整除（使用求模操作符）。若 i 不能被 5 整除，则执行 num 自加；若 i 能被 5 整除，则执行 break 语句退出循环。另一方面，变量 num 从 0 开始，用于记录循环执行的次数。在执行 break 语句之后直接跳出 for 循环，需要执行的下一行代码是 alert() 函数，结果显示 4。也就是说，在变量 i 等于 5 时，循环总共执行了 4 次；而 break 语句的执行，导致了循环在 num 再次递增之前就退出了。

如果在这里把 break 替换为 continue 的话，那么可以看到另一种结果。

【范例 3-11】从 1 循环到 10，当能把 5 除尽时进入下一轮循环。

```
<body>
<script>
var num = 0;
for(var i = 1; i < 10; i++){
    if(i % 5 == 0){
        continue;
    }
    num++;
}
alert(num);//结果为 8
</script>
</body>
```

在 Chrome 浏览器中的运行结果如图 3-22 所示。

此网页显示

8

确定

图 3-22　进入下一轮循环的结果

本例的结果显示为 8，也就是循环总共执行了 8 次。当变量 i 等于 5 时，循环会在 num 再次递增之前退出，但接下来执行的是下一次循环，即 i 的值等于 6 的循环。于是，循环又继续执行，直到 i 等于 10 时自然结束。而 num 的最终值之所以是 8，是因为 continue 语句导致它少递增了一次。

break 和 continue 语句都可以与 label 语句联合使用，从而返回代码中特定的位置。这种联合使用的情况多发生在循环嵌套的情况下。

【范例 3-12】break 和 continue 语句与 label 语句联合使用。

```
<body>
<script>
var num = 0;
outermost:
for(var i = 0;i < 10;i++){
  for(var j = 0;j < 10;j++){
    if(i == 5 && j == 5) {
      break outermost;
    }
  num++;
  }
}
alert(num); //结果为 95

</script>
</body>
```

在这种情况下，continue 语句会强制继续执行循环——退出内部循环，执行外部循环。当 j 是 5 时，continue 语句执行，而这也就意味着内部循环少执行了 5 次，因此 num 的结果为 95。

虽然联用 break、continue 和 label 语句能够执行复杂的操作，但如果使用过度，也会给调试带来麻烦。在此，我们建议，如果使用 label 语句，一定要使用描述性的标签，同时不要嵌套过多的循环。

五、for-in 循环

for-in 循环是一种精准的迭代循环，主要用来枚举某一对象的属性。for-in 循环的语法如下：

```
for(property in expression) statement
```

比如我们需要显示 BOM（Browser Object Model，浏览器对象模型）中 window 这一对象的所有属性，可以通过 fon-in 循环来实现：

```
for(var propName in window){
  document.write(propName);
}
```

在这个例子中，我们使用 for-in 循环来显示 BOM 中 window 对象的所有属性。每次执行循环时，都会将 window 对象中存在的某一个属性名赋值给变量 propName，这个循环过程会一直持续进行，直到 window 对象中的所有属性都被枚举输出了一遍为止。

与 for 循环类似，这里控制语句中的 var 操作符也不是必需的。但是，为了保证使用的是局部变量，推荐上面例子中的这种做法。由于 ECMAScript 对象的属性没有一定的顺序，因此，通过 for-in 循环输出的属性名的顺序是不可预测的。但是，window 对象的所有属性都会被返回一次，但返回的先后次序可能会因浏览器的不同而不同。但是，如果表示要迭代的对象的变量值为 null 或 undefined，那么 for-in 循环会抛出错误。ECMAScript5 更正了这一行为，当变量值为 null 或 undefined 时不再抛出错误，而仅仅只是不执行循环体。所以为了保证最大限度的兼容性，建议在使用 for-in 循环之前，先检测该对象的值不是 null 或 undefined。

【范例 3-13】使用 for-in 循环访问数组元素。

```
<body>
<script>
var arr = {
    name: 'Jack',
    age: 20,
    city: 'Beijing'
};

var str = "";
for (var key in arr){
    str+ = key;
    str+ = " ";
}
alert(str);// 'name', 'age', 'city'
</script>
</body>
```

在 Chrome 浏览器中的运行结果如图 3-23 所示。

图 3-23　使用 for-in 循环访问数组元素

任务三　项目实施

一、任务目标

（1）掌握循环语句的使用。

（2）掌握输出九九乘法表的方法。

二、任务内容

在 JavaScript 的实际应用中，常需要将数据结果按一定的格式输出，如将数据以表格或列表的形式显示在页面上。要以表格的形式输出九九乘法表，需要在范例 3-7 的基础上加入表格的 HTML 源代码，从而实现以表格的形式显示。

实现上述效果的关键技术在于，在两层循环的正确位置添加表格标签，以便正确输出表格。

三、操作步骤

（1）运行 Dreamweaver 软件，新建 HTML 标准网页文件。

（2）在<body></body>标签之间编写代码：

```javascript
<script type = "text/javascript">
var str = "<table border = '1'>";
for(var i = 1;i <= 9;i++)
{
    str + = "<tr>";              //一行的开始
    for(var j = 1; j <= i; j++)
    {
        str += "<td>";           //单元格的开始
        str += j + "x" + i + " = " + i*j;
        str += "</td>"; //单元格的结束
    }
    str += "</tr>";          //一行的结束
}
str += "</table>";
document.write(str);
</script>
```

（3）运行结果如图 3-24 所示。

1x1=1								
1x2=2	2x2=4							
1x3=3	2x3=6	3x3=9						
1x4=4	2x4=8	3x4=12	4x4=16					
1x5=5	2x5=10	3x5=15	4x5=20	5x5=25				
1x6=6	2x6=12	3x6=18	4x6=24	5x6=30	6x6=36			
1x7=7	2x7=14	3x7=21	4x7=28	5x7=35	6x7=42	7x7=49		
1x8=8	2x8=16	3x8=24	4x8=32	5x8=40	6x8=48	7x8=56	8x8=64	
1x9=9	2x9=18	3x9=27	4x9=36	5x9=45	6x9=54	7x9=63	8x9=72	9x9=81

图 3-24　九九乘法表

四、拓展内容

修改程序代码，实现如图 3-25 所示的九九乘法表。

1x1=1								
1x2=2	2x2=4							
1x3=3	2x3=6	3x3=9						
1x4=4	2x4=8	3x4=12	4x4=16					
1x5=5	2x5=10	3x5=15	4x5=20	5x5=25				
1x6=6	2x6=12	3x6=18	4x6=24	5x6=30	6x6=36			
1x7=7	2x7=14	3x7=21	4x7=28	5x7=35	6x7=42	7x7=49		
1x8=8	2x8=16	3x8=24	4x8=32	5x8=40	6x8=48	7x8=56	8x8=64	
1x9=9	2x9=18	3x9=27	4x9=36	5x9=45	6x9=54	7x9=63	8x9=72	9x9=81

图 3-25　拓展内容结果

制作弹出登录框

本项目主要内容

➢ 初识 CSS 样式
➢ CSS 选择器
➢ CSS 盒子模型
➢ CSS 布局模型
➢ 制作图片轮换效果
➢ 制作弹出登录框

弹出登录框是网页中常见的效果，如在百度首页单击右上角的"登录"链接就会弹出带有遮罩效果的登录框。顾名思义，带有遮罩效果的登录框由一个登录对话框和一个遮罩层组成，遮罩层将网页其他内容遮罩起来无法操作，而登录框显示在遮罩层的上方，用户只能操作登录框。实现带有遮罩效果的登录框的关键技术在于，用 CSS 给对话框层和遮罩层定位，用 JavaScript 设置层的显示和隐藏，用 JavaScript 实现登录框随网页的滚动而改变位置。

CSS（层叠样式表）是一种用来表现 HTML 或 XML 等文件样式的计算机语言。CSS 不仅可以静态地修饰网页，而且可以配合各种脚本语言动态地对网页各元素进行格式化。CSS 能够对网页中元素位置的排版进行像素级的精确控制，支持几乎所有的字体、字号，拥有对网页对象和模型样式编辑的能力。

▽ 任务一　初识 CSS 样式

本任务将从 CSS 样式简介、CSS 代码语法和 CSS 引入方式三个方面来认识 CSS 样式。

一、CSS 样式简介

网页主要由结构（Structure）、表现（Presentation）和行为（Behavior）三部分组成。HTML 对应结构部分，它是网页内容的载体，决定网页的结构和内容，即"有什么"。

网页制作者将呈现给用户的信息通过 HTML 显示出来，通常包括文字、图片、视频等。

JavaScript 对应行为部分，它通过控制网页的行为来实现特殊效果，即"做什么"。JavaScript 通过操作 HTML 元素的结构或属性来实现网页特效，如弹出下拉菜单、改变背景颜色、弹出广告、图片轮换等。可以这么理解，有动画或交互的网页一般都是用 JavaScript 实现的。

CSS 对应表现部分，它就像网页的外衣，设定了网页的表现样式，即"什么样子"。CSS 通过设定 HTML 元素的字体、颜色、边框、位置等，实现网页的外观显示。当然，在某些特效的实现中也会有通过 JavaScript 修改 CSS 属性的情况。

下面就是一种典型的 CSS 代码，它的作用是设置网页中所有<p>和</p>标签范围内的文字的字体大小为 12px，字体颜色为红色，并加粗。

```
p{
    font-size:12px;
    color:red;
    font-weight:bold;
}
```

二、CSS 代码语法

CSS 样式的代码由选择器及一条或多条声明组成，每条声明由一个属性和一个值组成，代码格式如下：

选择器{属性 1:值 1;属性 2:值 2;属性 3:值 3;……}

对应的示例代码如下：

```
p{font-size:12px;color:red;}
```

选择器，又称选择符，用于指出网页中要应用样式规则的元素，如示例代码是将网页中所有的段落文字（p）设置为 12px 大小、红色，而网页中的其他元素（如 li、h2、div 等）不会受到影响。

英文花括号"{ }"中的内容就是声明，它由一个属性和一个值组成，属性与值之间用英文冒号":"分隔，每条声明之间用英文分号";"分隔。

三、CSS 引入方式

CSS 样式代码应该写在哪里？CSS 样式如何应用到网页中？这是本节要解答的问题。

由于引入方式的不同，CSS 样式代码所写的位置也不同。根据引入方式，可将 CSS 样式为 4 种：行内样式、内嵌样式、链接样式和导入样式。

1. 行内样式

行内样式是最简单、最直接的一种 CSS 引入方式，它通过设置 HTML 标签的 style 属性来实现样式的应用，具体的写法如下：

```
<p style = "color:#F00;font-size:12px;">段落中的文字</p>
```

从上面的示例代码中可以看出，添加行内样式的做法是在 HTML 标签中添加 style=""，引号中放入想设置的样式代码。但这样的做法有很多缺点，如违背网页设计结构与表现分离的原则、网页文件太大、不利于搜索引擎抓取网页内容、网页后期维护不方便等。因此，在设计网页时不推荐使用行内样式。

2. 内嵌样式

内嵌样式的做法是将 CSS 代码写在网页代码中的<head>与</head>标签之间，并且用<style>和</style>进行声明，具体写法如下：

```
<head>
<meta http-equiv = "Content-Type" content = "text/html; charset = utf-8"/>
<title>无标题文档</title>
<style type = "text/css">
p{
    color:#F00;
    font-size:12px;
}
a{text-decoration:line-through;}
</style>
</head>
```

上面的示例代码中，<meta>标签和<title>标签是在用 Dreamweaver 创建网页时自动添加的，用于指明该网页的类型、编码和标题。而<style>与</style>标签范围内的代码就是手动输入的内嵌样式，type 属性指明<style>标签内的是 CSS 代码。p{}内的代码用于设置段落标签<p>与</p>之间文字的样式，a{}内的代码用于设置超链接标签<a>与</a>之间的文字的样式。该示例代码的效果是将段落文字设为红色、12px大小，并给超链接文字添加删除线效果。

使用内嵌样式的缺点也很明显，CSS 代码写在网页中会使网页文件变大，后期维护也不方便。如果网站中的多个网页用到了同样的 CSS 样式代码，那么内嵌样式的做法会造成代码的重复率非常高，而且当样式变化时还不能统一修改。所以内嵌样式只适合网页数量不多，CSS 代码也不多的情况。

3. 链接样式

链接样式是最常用的样式，做法是将 CSS 代码写在单独的文件中，然后在<head>与</head>之间通过<link>标签引入该文件，从而实现样式的应用。具体写法如下：

```
<head>
<meta http-equiv = "Content-Type" content = "text/html; charset = utf-8"/>
<title>无标题文档</title>
<link href = "css/test02.css" rel = "stylesheet" type = "text/css"/>
</head>
```

其中，CSS 样式的引入是通过<link>标签实现的。该标签的属性 href 用于指明欲引入的 CSS 文件的路径，示例中，CSS 代码文件名为 test02.css，与网页的相对路径是"css/test02.css"；属性 type 规定被链接文档的 MIME 类型，这里指明是 CSS 代码；属性 rel 规定当前文档与被链接文档之间的关系，目前只有"stylesheet"值得到了所有浏览器的支持，指明被链接的文档是一个样式表。

链接样式实现了负责页面框架的 HTML 代码与负责页面表现的 CSS 代码的分离，使网页的前期制作和后期维护变得十分方便，所以建议读者多采用链接样式。

4. 导入样式

导入样式与链接样式相似，它采用@import 将 CSS 样式文件导入网页文件中，在 HTML 初始化时，被导入的样式文件中的 CSS 代码会成为文件的一部分，类似第二种内嵌样式。导入样式的具体写法如下：

```
<head>
<meta http-equiv = "Content-Type" content = "text/html; charset = utf-8"/>
<title>无标题文档</title>
<style type = "text/css">
    @import url("css/test03.css");
</style>
</head>
```

样式的导入是通过关键字@import 实现的，url()指明样式文件的相对地址。

由于导入样式的原理是将 CSS 样式文件的内容导入网页中，导入样式与内嵌样式一样会使网页文件变大，后期维护也不方便，因此不建议使用导入样式。

任务二　CSS 选择器

要使用 CSS 对 HTML 页面中的元素实现一对一、一对多或者多对一的控制，就需要用到 CSS 选择器。HTML 页面中的元素就是通过 CSS 选择器进行控制的。

每一条 CSS 样式定义语句由两部分组成，形式如下：

```
选择器{
    样式;
}
```

在{}之前的部分就是选择器，选择器指明了{}中的"样式"的作用对象，也就是"样式"作用于网页中的哪些元素。

通过 CSS 选择器可以精确地筛选出想要控制的 HTML 元素，常用的 CSS 选择器有标签选择器、类选择器、ID 选择器、后代选择器和子选择器、分组选择器、伪类选择器、通用选择器等。

一、标签选择器

标签选择器其实就是 HTML 代码中的标签。一个完整的 HTML 页面由很多不同的标签组成，而标签选择器则决定哪些标签采用相应的 CSS 样式。若给<img>标签声明某种样式，则网页中的所有<img>标签都会应用该样式。

【范例 4-1】给网页中所有图片加红色边框。

创建网页 4-1.html，引入链接样式 css/4-1.css，网页的主要代码如下：

```
<head>
<meta http-equiv = "Content-Type" content = "text/html; charset = utf-8"/>
<title>范例 4-1</title>
<link href = "css/4-1.css" rel = "stylesheet" type = "text/css"/>
</head>
<body>
<div>图片 1</div>
<img src = "imgs/tuijian1.jpg" width = "171" height = "114"/>
<div>图片 2</div>
<img src = "imgs/tuijian2.jpg" width = "171" height = "114"/>
</body>
```

在样式文件 css/4-1.css 中设置如下样式：

```
img{border-width:3px;border-color:#F00;border-style:solid;}
```

运行结果如图 4-1 所示。

【程序分析】

从运行结果可以看出，网页中所有图片都显示有 3px 的红色边框。HTML 标签<img>向网页中嵌入一幅图像，而样式 border-width 用于设置 HTML 元素的边框宽度，border-color 用于设置边框的颜色，border-style 用于设置边框的样式，如实线、虚线、点状、双线等。

图 4-1　标签选择器

二、类选择器

类选择器在 CSS 样式编码中是最常用到的，它以一种独立于文档元素的方式来指定样式。与标签选择器自动将样式应用到某种标签不同，类选择器中定义的样式可以应用到任何元素上，属于自定义的样式。类选择器可以单独使用，也可以与其他元素结合使用。一个 HTML 元素可以同时关联多个类选择器，各类选择器之间以空格隔开。

（实际效果）

类选择器的命名以"."开头，可以包含字母、数字、连字符（-）和下画线（_），不能以数字或一个连字号后跟数字开头。常见命名如".font14px"".red"".subnav"等。类选择器的示例代码如下：

```
.font14px{font-size:12px;}
```

要应用类选择器中定义的样式，需要将类选择器的样式与元素关联，做法是给目标元素的属性 class 指定一个值，该值是类选择器名字中"."后面的部分。应用类选择器的示例代码如下：

```
<div class = "font14px">浮动广告</div>
```

【范例 4-2】将网页中标签<h1>和标签<p>内的文字设置为红色，背景为灰色。

创建网页 4-2.html，引入链接样式 css/4-2.css，网页的主要代码如下：

```
<head>
<meta http-equiv = "Content-Type" content = "text/html; charset = utf-8"/>
<title>范例 4-2</title>
<link href = "css/4-2.css" rel = "stylesheet" type = "text/css"/>
</head>
<body>
<h1 class = "red">
    标签 h1 中的文字
</h1>
<p class = "red">
    标签 p 中的文字
</p>
</body>
```

在样式文件 css/4-2.css 中设置如下样式：

```
.red{color:#F00; background-color:#CCC;}
```

运行结果如图 4-2 所示。

标签h1中的文字

标签p中的文字

图 4-2　类选择器

（实际效果）

【程序分析】

从运行结果可以看出，标签<h1>和标签<p>中的文字都变成了红色，背景为灰色。两个不同标签中的文字呈现相同的效果，是因为这两个标签都应用了类选择器 ".red" 中的样式，由代码 class = "red"指定。CSS 代码中的 color 用于指定文字颜色，background-color 用于指定背景颜色。

三、ID 选择器

ID 选择器可以为标有特定 ID 的 HTML 元素指定特定的样式。HTML 元素的 ID 由属性 id 指定，如 id = "green"，示例代码如下：

```
<p id = "green">该段落中的文字是绿色</p>
```

ID 选择器则以"#"来定义，示例代码如下：

```
#green{color:#0F0;}
```

引入上述 CSS 代码后，网页中，ID 为 green 的元素会自动应用设定的样式，即文字颜色为绿色。

在一个 HTML 文档中，ID 选择器只能使用一次，而且仅有一次。而类选择器可以使用多次，一个 HTML 元素可以同时关联多个类选择器。

【范例 4-3】将网页中 ID 为 red 的标签中的文字颜色设置为红色，将 ID 为 green 的标签中的文字颜色设置为绿色。

创建网页 4-3.html，引入链接样式 css/4-3.css，网页的主要代码如下：

```html
<head>
<meta http-equiv = "Content-Type" content = "text/html; charset = utf-8"/>
<title>范例 4-3</title>
<link href = "css/4-3.css" rel = "stylesheet" type = "text/css"/>
</head>
<body>
<p id = "red">
    该段落中的文字是红色
</p>
<p id = "green">
    该段落中的文字是绿色
</p>
<p>
    该段落无 ID，文字默认黑色
</p>
</body>
```

在样式文件 css/4-3.css 中设置如下样式：

```css
#red{color:#F00;}
#green{color:#0F0;}
```

运行结果如图 4-3 所示。

该段落中的文字是红色

该段落中的文字是绿色

该段落无ID，文字默认黑色

（实际效果）

图 4-3　ID 选择器

【程序分析】

从运行结果可以看出，段落中的文字呈现与段落 ID 同名的样式中设置的颜色，而没有设置 ID 样式的段落则呈现默认的黑色。

四、后代选择器和子选择器

后代选择器也称包含选择器，用来选择特定元素的后代。在 CSS 中，后代是通过 HTML 文档结构的关系来决定的。当 HTML 元素发生嵌套时，内层的元素就成为外层元素的后代。如元素 B 嵌套在元素 A 内部，B 就是 A 的后代。而且，B 的后代也是 A 的后代，就像家族关系。

定义后代选择器时，外层的元素写在前面，内层的元素写在后面，中间用空格分隔。

示例代码如下：

```
div p{color: red;}
```

后代选择器会影响到它的各级后代，没有层级限制。上述选择器中，div 为祖先元素，p 为后代元素，其作用是选择 div 元素的所有后代 p 元素，不管 p 元素是 div 元素的子元素、孙辈元素或者更深层次的关系，都将被选中。换句话说，不论 p 是 div 的多少辈的后代，p 元素中的文本都会变成红色。

子选择器用来选择特定元素的直接子元素，它实际上是一种特殊的后代选择器。与后代选择器会影响它的各级后代不同，子选择器只会影响它的第一层子元素，其他孙辈元素或更深层次的元素不会受影响。

定义子选择器时，外层的元素写在前面，子元素写在后面，中间用大于号相连。代码示例如下：

```
div>p{color:red;}
```

上述 CSS 代码只会使 div 下的第一层 p 元素中的文本变为红色。

子元素选择器不仅可以使用标签的名称，而且可以使用其他的选择器，如 div>#red、div>.left。

【范例 4-4】将网页中<ul>下的所有链接文字设置为红色、有下画线效果；将 div 下的直接子标签<a>中的文字（即链接文字）设置为蓝色、有删除线效果。

创建网页 4-4.html，引入链接样式 css/4-4.css，网页的主要代码如下：

```
<head>
<meta http-equiv = "Content-Type" content = "text/html; charset = utf-8"/>
<title>范例 4-4</title>
<link href = "css/4-4.css" rel = "stylesheet" type = "text/css"/>
</head>
<body>
<ul>
    <li><a href = "/home/">首页</a></li>
    <li><a href = "/xygk/">学院概况</a></li>
    <li>
        <a href = "/gljg/">管理机构</a>
        <ul>
         <li><a href = "/jwc/">教务处</a></li>
         <li><a href = "/xsc/">学生处</a></li>
        </ul>
    </li>
    <li><a href = "/jxbm/">教学部门</a></li>
</ul>
<div>
    <h3><a href = "#">学院新闻</a></h3>
    <a href = "#">我校举行期末总结会议</a><br/>
<a href = "#">我校领导进行期末离校检查</a><br/>
</div>
</body>
```

在样式文件 css/4-4.css 中设置如下样式：

```
ul a{ color:#F00; text-decoration:underline;}
div>a{ color:#0F0; text-decoration:line-through;}
```

运行结果如图 4-4 所示。

【程序分析】

标签<ul>和<li>是网页制作中很常用的标签，<ul>用于定义无序列表，<li>用于定义列表中的一项。当列表项还有下一级列表时，就需要在<li>中嵌套一对<ul>标签。网页中常见的导航菜单、新闻列表、图片列表等，它们的 HTML 结构都是由<ul>和<li>来组织的。

从运行结果可以看出，在应用后代选择器"ul a"后，标签<ul>下的所有的<a>与</a>中的文字都变成了红色和有下画线效果；而在应用子选择器"div>a"后，只有 div 的直接子标签<a>与</a>中的文字变成绿色和有删除线效果，而<h1>中的链接文字还是默认效果。由此可以看出后代选择器与子选择器在影响范围上的区别。

- 首页
- 学院概况
- 管理机构
  - 教务处
  - 学生处
- 教学部门

学院新闻

我校举行期末总结会议
我校领导进行期末离校检查

图 4-4　后代选择器和子选择器

五、分组选择器

当多个对象定义了相同的样式时，就可以把它们分成一组，这样能够简化代码。其实分组选择器不是一种选择器类型，而是一种选择器使用方法。分组选择器使用逗号把同组内的不同对象分隔，示例代码如下：

```
h1,h2,h3,h4,h5,h6,p{
    line-height:22px;
}
```

上述分组选择器的目的是，定义所有级别的标题和段落的行高为22px。其中，<h1>…<h6>是代表 6 个不同级别标题的 HTML 标签，line-height 用于定义一行文字的高度。

六、伪类选择器

伪类选择器可以让同一个 HTML 标签在不同状态下会显示出不同的样式，伪类用冒号来表示，代码示例如下：

```
a:hover{color:#F00; text-decoration:none;}
```

上述代码实现了当鼠标悬停在链接文字上时，链接文字显示为红色、无下画线。

伪类选择器大多时候用在超链接文字的效果设定上，超链接有 4 种状态，对应<a>标签的 4 种伪类，对应关系如表 4-1 所示。

表 4-1　超链接的 4 种状态对应的伪类

伪　类	状　态
:link	"链接"：链接被单击之前
:visited	"访问过的"：链接被访问过之后

（实际效果）

（续表）

伪　　类	状　　态
:hover	"悬停"：鼠标指针放到标签上的时候
:active	"激活"：单击标签，但是不松手时

除了<a>标签的 4 种伪类，还有 UI 元素的":enabled"":disabled"":checked"状态伪类，这些主要针对 HTML 中的 Form 元素操作。除此之外，还有 CSS3 中的:nth 选择器，可以更精确地选择某个元素并指定样式。:nth 选择器的常见伪类如表 4-2 所示。

表 4-2　:nth 选择器的常见伪类

伪　　类	状　　态
:first-child	选择某个元素的第一个子元素
:last-child	选择某个元素的最后一个子元素
:nth-child()	选择某个元素的一个或多个特定的子元素
:nth-last-child()	选择某个元素的一个或多个特定的子元素，从这个元素的最后一个子元素开始算
:nth-of-type()	选择指定的元素
:nth-last-of-type()	选择指定的元素，从元素的最后一个子元素开始计算
:first-of-type	选择上级元素的第一个同类子元素
:last-of-type	选择上级元素的最后一个同类子元素
:only-child	选择的元素是它的上级元素的唯一一个子元素
:only-of-type	选择的元素是它的上级元素的唯一一个相同类型的子元素
:empty	选择的元素里面没有任何内容

【范例 4-5】给网页中的链接文字、列表文字设置普通和鼠标悬停时的样式效果。

创建网页 4-5.html，引入链接样式 css/4-5.css，网页的主要代码如下：

```html
<head>
<meta http-equiv = "Content-Type" content = "text/html; charset = utf-8"/>
<title>无标题文档</title>
<link href = "css/4-5.css" rel = "stylesheet" type = "text/css"/>
</head>
<body>
<a href = "#">链接文字效果</a>
<ul>
    <li>列表文字 1</li>
    <li>列表文字 2</li>
    <li>列表文字 3</li>
    <li>列表文字 4</li>
    <li>列表文字 5</li>
</ul>
</body>
```

在样式文件 css/4-5.css 中设置如下样式：

```
a:link{color:#000; text-decoration:none;}
a:hover{color:#F00; text-decoration:underline;}
ul{list-style-type:none;}
ul li{background-color:#EEE; padding:5px; width:150px;}
ul li:hover{background-color:#CCC;}
```

运行结果如图 4-5、图 4-6 和图 4-7 所示。

链接文字效果

列表文字1

列表文字2

列表文字3

列表文字4

列表文字5

链接文字效果

列表文字1

列表文字2

列表文字3

列表文字4

列表文字5

链接文字效果

（实际效果）

列表文字1

列表文字2

列表文字3

列表文字4

列表文字5

图 4-5　普通效果　　　图 4-6　鼠标悬停链接效果　　　图 4-7　鼠标悬停列表文字效果

【程序分析】

本例应用伪类选择器 a:link 设置链接文字在普通状态下的效果，用 a:hover 设置鼠标指针放在链接文字上的效果，其中，text-decoration 用来设置文字修饰。本例中，分别设为"无"和"下画线"。本例还将后代选择器与伪类选择器结合起来使用，ul li:hover 用于设置 ul 的所有后代 li 的鼠标悬停效果，即鼠标指针放在列表文字上的效果。属性 list-style-type 用于设置列表的样式，none 代表无任何样式，属性 background-color 用于设置背景颜色。

从运行结果可以看出，在应用伪类选择器 a:hover 后，鼠标指针放在链接文字上时，文字变为红色，并有下画线修饰；在应用伪类选择器 ul li:hover 后，鼠标指针放在列表文字上时，文字背景变成深灰色。

七、通用选择器

通用选择器的作用就像通配符，它能匹配所有可用元素，一般用来对页面上的所有元素应用样式。通用选择器由一个星号表示，示例代码如下：

```
*{
margin: 0;
padding: 0;
}
```

上述代码表示，将所有元素的 margin 和 padding 都设置为 0。这个操作常常用来去除一些 HTML 标签的自带格式。

通用选择器是用来选择所有元素的，当然也可以选择某个元素下的所有元素，示例代码如下：

```
.demo *{border:1px solid blue;}
```

上述代码的效果是将应用了 .demo 样式的某元素下的所有元素，都加了 1px 宽、实线、蓝色的边框。所有浏览器都支持通用选择器。

任务三　CSS 盒子模型

本任务将带领读者充分认识 HTML 元素在外观呈现上的不同分类，认识 CSS 盒子模型及其相关属性，掌握盒子模型，将使 CSS 网页排版变得非常简单。

一、HTML 元素分类

因默认的呈现方式不同，HTML 的标签元素可以分为三类，即块级元素（block）、内联元素（inline）和内联块级元素（inline-block）。这种分类是针对元素所占的空间来划分的，比如块级元素可以用 CSS 代码设定宽和高，而宽和高的设定却对内联元素无效；块级元素默认独占一行，而内联元素却可以和其他元素同处一行。下面分别介绍这三种元素的特点。

1. 块级元素

在 HTML 标签元素中，<div>、<p>、<h1>…<h6>、<form>、<ul>、<li>、<ol>、<dl>、<table>、<address>、<blockquote>都是块级元素，它们具有如下特点：

（1）每个块级元素都独占一行，其后的元素也另起一行；

（2）元素的高度、宽度、行高及边距都可以设置；

（3）在宽度未设置的情况下，元素宽度是它父容器的 100%，即和父元素的宽度一致。在设置宽度后，元素才具有指定的宽度。

块级元素支持内边距 padding、外边距 margin、宽度 width、高度 height、浮动 float、溢出 overflow 等属性，默认情况下的样式是：{width:100%; height:auto; overflow:hidden;}。

非块级元素也可以通过设置样式属性 display 的值来更改元素类型，将 display 设置为 block 就可以将元素设置为块级元素。下面的示例就是将行内元素 a 转换为块级元素，从而使 a 元素具有块级元素的特点，具体代码如下：

```
a{display:block;}
```

当 a 元素变为块级元素后，宽度、高度及上下边距的设置将生效。

2. 内联元素

在 HTML 标签元素中，<a>、<span>、
、<i>、<em>、<strong>、<label>、<q>、<cite>、<code>、<var>是典型的内联元素。内联元素的特点如下：

（1）可以和其他元素在同一行上显示；

（2）元素的高度、宽度、行高、顶部边距和底部边距不可设置；

（3）元素的宽度就是它包含的文字或图片的宽度，不可改变。

内联元素支持内边距 padding、左外边距 margin-left、右外边距 margin-right 等属性，可以通过代码 display:block 转换为块级元素，当然块级元素也可以通过代码 display:inline 转换为内联元素。

3. 内联块级元素

内联块级元素同时具备内联元素、块级元素的特点，<img>、<input>就是典型的内联块级元素，它们具有如下特点：

（1）可以和其他元素在同一行上；

（2）元素的高度、宽度、行高、顶部边距和底部边距都可设置。

内联块级元素也支持 padding、margin、width、height、float、overflow 等属性，这些属性的具体含义及用法将在下文中进行详细介绍。

二、盒子模型

盒子模型源于"Box Model"这一术语，用于网页的设计和布局。在 CSS 中，所有 HTML 元素都可以视为盒子。

CSS 盒子模型本质上是一个盒子，封装周围的 HTML 元素，它包括边距、边框、内容。盒子模型允许我们在其他元素和周围元素边框之间的空间放置元素。图4-8 展示了标准盒子模型的构成。

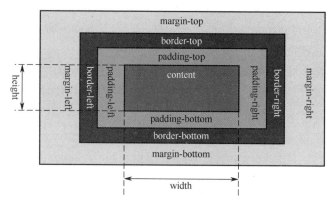

图 4-8　标准盒子模型的构成

标准盒子模型中，各部分的说明如下：

（1）margin（外边距）：清除边框外的区域，外边距是透明的，分上、下、左、右外边距。

（2）border（边框）：围绕在内边距和内容外的边框，分上、下、左、右边框。

（3）padding（内边距）：清除内容周围的区域，内边距是透明的，分上、下、左、右内边距。

（4）content（内容）：盒子的内容，显示文本和图像。宽度由 width 指定，高度由 height 指定。

从图 4-8 中可以看出，CSS 元素所占据的空间不仅仅由 width 和 height 决定，实际占据的宽度和高度的计算方法如下：

元素占据的宽度 = margin-left + border-left + padding-left + width + padding-right + border-right + margin-right

元素占据的高度 = margin-top + border-top + padding-top + height + padding-bottom + border-bottom + margin-bottom

1. 宽度 width 和高度 height

width 和 height 用于设定盒子模型中内容（content）的宽度和高度，常用单位是像素（px）和百分比（%）。px 用于指定具体的宽和高，而%则用于设定该元素宽度在父容器中所占的比例。在没有指定 width 和 height 的情况下，元素默认占据父容器的所有宽度，高度则由元素中的内容决定。

2. 外边距 margin

margin 是指其他元素与本元素的边框之间的距离，分为上边距、右边距、下边距和左边距。在设置外边距时可以设置各属性，分别设置上、右、下、左 4 个方向的外边距，示例代码如下：

```
div{margin-top:5px; margin-right:15px; margin-bottom:8px; margin-left:10px;}
```

在设置外边距时也可以直接写综合属性，给 margin 设置多个值。若写了 4 个值，则意思是按顺时针方向设置外边距，即分别设置上、右、下、左外边距的值；若只写 3 个值，则设置顺序为上、左右、下外边距；若只写了两个值，则设置顺序为上下、左右外边。示例代码如下：

```
div{margin:5px 15px 8px 10px;}      /* 上、右、下、左 */
div{margin:5px 15px 8px;}           /* 上、左右、下 */
div{margin:5px 15px;}               /* 上下、左右 */
```

3. 内边距 padding

padding 是本元素内容与本元素边框之间的距离，分为上内边距、右内边距、下内边距和左内边距。与 margin 一样，在设置内边距时可以设置各属性，也可以直接写综合属性，示例代码如下：

```
div{padding-top:5px; padding-right:15px; padding-bottom:8px; padding-left:10px;}
div{padding:5px 15px 8px 10px;}      /* 上、右、下、左 */
div{padding:5px 15px 8px;}           /* 上、左右、下 */
div{padding:5px 15px;}               /* 上下、左右 */
```

4. 边框 border

border 是围绕元素内容和内边距的一条或多条线。CSS 允许规定元素边框的样式、宽度和颜色。

CSS 控制的边框属性包括：

（1）border-width：设置边框宽度，常用值为 1px、2px 等。

（2）border-style：设置边框样式，常用值有 solid（实线）、dashed（虚线）、dotted（点线）、double（双线）、groove（3D 凹槽边框）、ridge（3D 垄状边框）、inset（3D inset 边框）、outset（3D outset 边框）、none（无边框）等。

（3）border-color：设置边框颜色，常用值有 red、green、blue 等，也可以用#000000、#F00 或 rgb(100,100,100)设置。

在常见的用法中，习惯将边框的 3 个属性一起声明，下面的示例代码就是将 div 的 4 个边框设置为 2px 的红色实线，具体如下：

```
div{border:2px solid #F00;}
```

也可以分别设置 4 个边框，示例代码如下：

```
div{
border-left:2px solid #F00;              /* 左边框：2 像素，实线，红色 */
border-top:2px dashed #0000FF;           /* 上边框：2 像素，虚线，蓝色 */
border-right:4px dotted #00FF00;       /* 右边框：4 像素，点线，绿色 */
border-bottom:2px double #000000;       /* 下边框：2 像素，双线，红色 */
}
```

当然，必要的时候还是可以单独设置某个边框的属性。下面的代码是将 div 的所有边框设置成 2px 的灰色双线，将 p 的底边框设置成 3px 的红色点线，代码如下：

```
div{
border-width:2px;
border-style:double;
border-color:#999;
}
p{
border-bottom-width:3px;
border-bottom-color:#F00;
border-bottom:dashed;
}
```

任务四　CSS 布局模型

CSS 布局模型建立在盒子模型的基础上，包含 3 种基本的布局模型，即流动（Flow）模型、浮动（Float）模型、层（Layer）模型。

一、流动模型

流动模型是默认的网页布局模型。流动布局模型具有两个典型的特征：一是块级元素都会在父容器内自上而下、按顺序垂直延伸分布，在默认状态下，块级元素的宽度都为 100%，块级元素会以行的形式占据位置；二是内联元素都会在父容器内从左到右水平分布显示，不会像块级元素那样独占一行。

二、浮动模型

任何元素在默认情况下是不能浮动的，但可以用 CSS 定义为浮动。因为块级元素独占一行的特性，在默认情况下是无法将两个块级元素并排显示的，但可以用 CSS 设置元素的

float 属性，让元素浮动起来，这样就可以达到并排显示的目的。设置向左浮动的示例代码如下：

```
div{float:left;}
```

属性 float 的值有 left、right、none 和 inherit，分别表示向左浮动、向右浮动、不浮动和从父元素继承 float 属性的值。

需要注意的是，设置浮动的同时一定要先设置块级元素的宽度，而且几个浮动元素的宽度之和必须小于父容器的宽度，否则就会造成部分元素被挤到下一行显示。实际上，设置元素的浮动是 DIV+CSS 网页布局中非常重要的技巧。

【范例 4-6】给两个 div 设置宽度、高度、边框和外边距，并对比设置浮动前后的效果。

创建网页 4-6.html，引入链接样式 css/4-6.css，网页的主要代码如下：

```
<head>
<meta http-equiv = "Content-Type" content = "text/html; charset = utf-8"/>
<title>无标题文档</title>
<link href = "css/4-6.css" rel = "stylesheet" type = "text/css"/>
</head>
<body>
<div id = "div01">div01 中的文字 <br/> 宽 :200px; 高 :150px;<br/> 外边
距:10px;</div>
<div id = "div02">div02 中的文字 <br/> 宽 :150px; 高 :100px;<br/> 外边
距:50px;</div>
</body>
```

在样式文件 css/4-6.css 中设置如下样式：

```
#div01{float:left;width:200px;height:150px;border:2px solid #000; margin:10px;}
#div02{float:left;width:150px;height:100px;border:2px solid #000; margin:50px;}
```

运行结果如图 4-9 和图 4-10 所示。

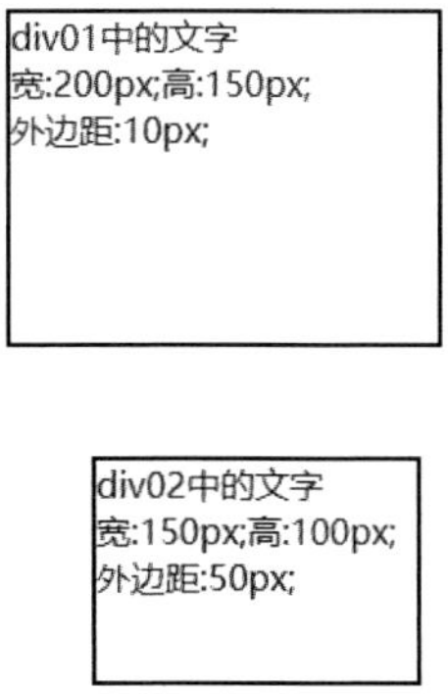

图 4-9　普通效果 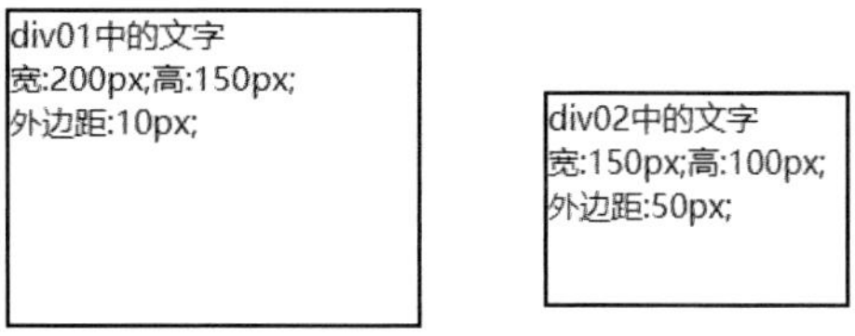　　　　　　图 4-10　浮动效果

【程序分析】

本例通过设置 div 的 float 属性，将两个 div 都向左浮动，并将设置浮动前后的网页效果进行对比。从运行结果可以看出，设置浮动后，两个 div 可以在同一行显示。

三、层模型

层布局模型能实现在网页中对 HTML 元素进行精确定位，CSS 定义了一组定位属性（position）来支持层布局模型。在网页设计领域，一般只在网页的局部使用层布局，如浮动广告、下拉菜单、图片轮换效果等。

可以通过设置属性 position 来使用层布局，该属性的值有 static、relative、absolute、fixed 和 inherit。static 表示无特殊定位，元素遵循正常文档流；inherit 表示从父元素继承属性值。下面重点介绍相对（relative）定位、绝对（absolute）定位、固定（fixed）定位三种定位方式。

1. 相对定位

如果想为元素设置层模型中的相对定位，那么需要将 position 属性的值设置为 relative。它通过 left、right、top、bottom 属性确定元素在正常文档流中的偏移位置。相对定位完成的过程是：首先按流动模型（默认布局）或浮动模型方式生成一个元素，然后元素像层一样浮动起来，并相对以前的位置移动，移动的方向和幅度由 left、right、top、bottom 属性确定，偏移前的位置保留不动。设置 id 为 div01 的层为相对定位，并相对以前的位置向下移动 50px、向右移动 100px，示例代码如下：

```
#div01{width:250px;height:150px;position:relative;top:50px;left: 100px;}
```

需要注意的是，元素即使被设置为相对定位，只要 left、right、top、bottom 没有被设置值或值为 0，元素也不会发生移位。

2. 绝对定位

绝对定位可以认为是相对于父元素的定位，如果想为元素设置层模型中的绝对定位，那么需要将 position 属性设置为 absolute。当将元素设置为绝对定位后，该元素将会被从文档流中拖出来，以前占据的空间将被挤压掉。被设置为绝对定位的元素，将使用 left、right、top、bottom 属性，相对其最接近的一个具有定位属性的父容器进行绝对定位。若不存在这样的容器，则相对于 body 元素，即相对于浏览器窗口进行绝对定位。设置 id 为 div02 的层为绝对定位，并相对某元素向下移动 50px、向右移动 100px，示例代码如下：

```
#div02{width:250px;height:150px;position:absolute;top:50px;left: 100px;}
```

而 div02 元素到底是相对于哪一个元素定位呢？这取决于 div02 所在的父元素的定位设置。若 div02 的父元素没有设置定位属性或默认定位为 static，则不能作为 div02 的定位参照，这时就要继续向上查找 div02 的父元素的父元素，并判断它的定位属性，直到找到设置了定位属性且不是 static 的父元素。若从 div02 一直未能找到符合要求的父元素，则 div02 会以 body 元素作为绝对定位的参照元素。

【范例 4-7】创建 3 个层 div01、div02、div03，并设置宽度、高度、边框和外边距，并在 div02 中创建子层 son01，将 son01 设置成绝对定位。通过设置和取消 div02 的定位属性，对比 son01 的定位效果。

创建网页 4-7.html，引入链接样式 css/4-7.css，网页的主要代码如下：

```
<head>
<meta http-equiv = "Content-Type" content = "text/html; charset = utf-8"/>
<title>范例 4-7</title>
<link href = "css/4-7.css" rel = "stylesheet" type = "text/css"/>
</head>
<body>
<div id = "div01">div01 中文字 11111</div>
<div id = "div02">div02 中文字 22222
<div id = "son01">子元素 son01 定位</div>
</div>
<div id = "div03">div01 中文字 33333</div>
</body>
```

在样式文件 css/4-7.css 中设置如下样式：

```
#div01{width:250px; height:150px; border:2px #000000 solid; margin: 10px;}
#div02{width:250px;height:150px;border:2px #000000 solid; margin: 10px;
        position:relative;}
#div03{width:250px;height:150px; border:2px #000000 solid; margin:10px;}
#son01{width:100px;height:80px;border:2px #000000 solid;
        position:absolute;left:100px; top:50px;}
```

运行结果如图 4-11 和图 4-12 所示。

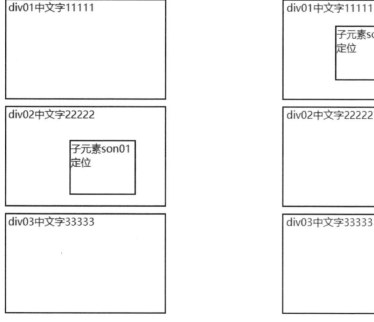

图 4-11　相对 div02 定位效果　　　　图 4-12　相对 body 定位效果

【程序分析】

本例将 div02 的子元素 son01 设置为绝对定位，当 div02 是相对定位时，son01 以 div02 作为参照进行定位；当 div02 没有设置定位属性时，son01 向 div02 的上级查找能作为参照的元素，直到找到 body 元素，就以 body 元素作为参照来定位。

从运行结果可以看出，图 4-11 是 son01 相对 div02 定位的效果，son01 的 left 和 top 的值是从 div02 的左顶点开始计算位移的。图 4-12 是 son01 相对于 body 定位的效果，son01 的 left 和 top 的值是从网页内部部分的左顶点开始计算位移的。

相对定位与绝对定位的区别如下：

（1）相对定位的 left、right、top、bottom 是相对本元素原位置的位移，元素原来占据的空间不变。

（2）绝对定位的参照元素来自父元素，是第一个没有设置 position 或 position 为 static 的父元素，元素原来占据的空间会被挤压掉。

（3）实践应用中，在将子元素设置为绝对定位后，会将需要参照来定位的父元素设置为相对定位，但不设置 top、left、right 和 bottom 位移，这样做既不改变父元素的布局又可以将该父元素设置为参照层。

3. 固定定位

fixed 表示固定定位，是指相对于网页窗口的定位。由于视图本身是固定的，因此它不会随浏览器窗口滚动条的滚动而变化，除非你在屏幕中移动浏览器窗口的屏幕位置，或改变浏览器窗口的显示大小。因此，固定定位的元素会始终位于浏览器窗口内视图的某个位置，不会受文档流动影响，这与将 background-attachment 属性设置为 fixed 的效果相同。下面的示例代码可以实现层 div01 相对于浏览器视图向右移动 100px、向下移动 50px，并且在拖动滚动条时，div01 的位置固定不变。

```
        #div01{width:200px; height:200px; background-color:#F00; position:fixed;
left:100px;top:50px;}
```

▽ 任务五　制作图片轮换效果

本任务介绍网络上常见的图片轮换效果的制作，用 CSS 实现 HTML 元素的布局，用 JavaScript 设置元素的 CSS 属性，从而实现图片轮换效果。

一、JavaScript 设置 CSS 属性

JavaScript 设置 CSS 属性的方式有很多，常见的有直接设置 style 属性、通过 className 属性设置 CSS 属性、使用 setAttribute 方法设置 style 属性、通过 style 对象的 setProperty 方法设置 CSS 属性、通过 style 对象的 cssText 属性设置 CSS 属性等。

1. 直接设置 style 属性

HTML DOM（Document Object Model，文档对象模型）的 Style 对象代表一个单独的样式声明，可从应用样式的文档或元素访问 Style 对象。document.getElementById("id").style 的 style 属性的值是一个对象，这个对象所包含的属性与 CSS 规则一一对应，但是名字需要用驼峰命名的方式进行改变，比如将 background-color 写成 backgroundColor。改写的规

则是将连字符"-"从 CSS 属性名中去除，然后将连字符后的第一个字母大写。若 CSS 属性名是 JavaScript 的保留字，则规则名之前需要加上字符串 css，比如将 float 写成 cssFloat。将网页背景设置为红色的 JavaScript 代码如下：

```
document.body.style.backgroundColor = "#FF0000";
```

也可以用以下方式来设置 CSS 属性，例如：

```
document.body.style["background-color"] = "#FF0000";
```

值得注意的是，style 只能获取行内样式中设置的属性值，用其他方式设置的 CSS 样式的属性值无法获取到。

2. 通过 className 属性设置 CSS 属性

JavaScript 对象的 className 属性设置或返回 HTML 元素所应用的类选择器名。一般事先定义好类选择器，然后将该类选择器设置给 JavaScript 对象的 className 属性，从而使网页元素应用定义好的样式。语法如下：

```
element.className = "className";
```

给 div01 层应用新的类选择器样式，示例代码如下：

```
var d01 = document.getElementById(div01);
d01.className = "greenBg";
```

若要给 div01 层多应用一个类选择器样式，则可以把"+"变成"+="，在值的最前面加上一个空格，示例代码如下：

```
d01.className + = "  greenBg";
```

3. 使用 setAttribute()方法设置 style 属性

setAttribute 方法可以为 HTML 元素添加指定的属性，并为其赋值。若这个指定的属性已存在，则仅更改属性的值。设置 div01 层的背景颜色和高度的示例代码如下：

```
var d01 = document.getElementById("div01");
d01.setAttribute("style","background-color:red; height:100px;");
```

上述代码的两个参数都是字符串类型，第一个参数为"style"，第二个参数就是 CSS 样式的代码。

4. 通过 Style 对象的 setProperty 方法设置 CSS 属性

Style 对象的 setProperty()方法直接设置某个 CSS 属性，语法如下：

```
element.style.setProperty(propertyName, propertyValue, priority);
```

setProperty()方法的第 3 个参数（priority）是字符串类型，用于指定样式属性的优先级。若要设置"!important"，则建议设置第 3 个参数，但是传参的时候不用写前面的"!"符号。用 setProperty()方法设置 div01 层的背景颜色的示例代码如下：

```
var d01 = document.getElementById("div01");
d01.style.setProperty("background-color", "green", "important");
```

5. 通过 Style 对象的 cssText 属性设置 CSS 属性

通过 Style 对象的 cssText 属性，可以设置或返回样式声明的内容。语法如下：

```
element.style.cssText = string
```

设置网页背景颜色的示例代码如下：

```
document.body.style.cssText = "background-color:red";
```

直接用"="设置 cssText 属性会覆盖原来的值，需要追加新值的时候就用"+="。

6. 获取 CSS 属性

element.style 属性返回的是类似数组的一组样式属性及对应值，因此可以用"element.style.属性名称"和"element.style['属性名称']"的形式设置或者获取 CSS 属性，但该方法只能设置或者读取行内样式中的 CSS 属性，其他样式的无法读取。

在非 IE 浏览器中，可以使用 document.defaultView 对象的 getComputedStyle(element，null/伪类)方法获取 element 元素的样式。该方法接收两个参数：第一个是要考察的 element 元素；第二个则要根据情况而定，若只是考察元素本身，则为null；若要考察伪类，则为响应的伪类。该方法获取到的是元素应用的最终样式组合，是类似数组的一个实例。

在 IE 浏览器中，不支持 getComputedStyle()方法，但是每个标签元素都有一个 currentStyle 属性，用于获取元素应用的最终样式组合。

在实际应用中，常用条件表达式或创建一个函数来达到兼容目的，使得不管在哪种浏览器中都可以成功获取样式。获取 div02 层的背景颜色的示例代码如下：

```
<script language = "javascript">
var div02 = document.getElementById("div2");
var myStyle = div02.currentStyle ? div02.currentStyle :
            document.defaultView.getComputedStyle(div02,null);
alert("背景颜色:" + myStyle.backgroundColor);
</script>
```

二、图片轮换效果的布局

图片轮换效果的 HTML 结构比较简单，在一个 div 中放 3 个 ul 列表，3 个列表分别列出 6 张图片、6 行说明文字、6 个数字编号，效果如图 4-13 所示。

（实际效果）

图 4-13　图片轮换效果图

4-8.html 的代码如下：

```
<head>
<meta http-equiv = "Content-Type" content = "text/html; charset = utf-8"/>
<title>图片轮换效果</title>
<link href = "css/4-8.css" rel = "stylesheet" type = "text/css"/>
<script src = "js/4-8.js" language = "javascript" type = "text/javascript">
</script>
</head>
<body>
<div id = "tplh">
    <ul id = "pic">
        <li style = "display:block;"><a href = "#"><img src = "imgs/tplh/01.jpg"
width = "700" height = "350" /></a></li>
        <li><a href = "#"><img src = "imgs/tplh/02.jpg" width = "700" height=
"350"/></a></li>
        <li><a href = "#"><img src = "imgs/tplh/03.jpg" width = "700" height=
"350" /></a></li>
        <li><a href = "#"><img src = "imgs/tplh/04.jpg" width = "700" height=
"350" /></a></li>
        <li><a href = "#"><img src = "imgs/tplh/05.jpg" width = "700" height=
"350" /></a></li>
        <li><a href = "#"><img src = "imgs/tplh/06.jpg" width = "700" height=
"350" /></a></li>
    </ul>
    <ul id = "text">
    <li style = "display:block;">餐饮专业学生作品</li>
    <li>我校篮球队参加比赛</li>
    <li>学生与服装设计师合影</li>
    <li>创无止境，新有未来</li>
    <li>模特后台合影</li>
    <li>激情唱响</li>
    </ul>
    <ul id = "num">
    <li style = "background-color:#F00;">1</li>
    <li>2</li>
    <li>3</li>
    <li>4</li>
    <li>5</li>
    <li>6</li>
    </ul>
</div>
</body>
```

上述代码通过内联样式将第 1 张图、第 1 行文字说明、第 1 个数字设置成初始效果，并连接了 CSS 样式文件和 JavaScript 文件。

三、图片轮换效果的 CSS 样式

CSS 样式文件 4-8.css 在网页中通过 link 标签链接，代码如下：

```
#tplh{width:700px; height:350px; position:relative;}
#tplh ul{margin:0; padding:0; list-style-type:none;}
#pic li{display:none;}
#text{position:absolute; left:15px; bottom:10px;}
#text li{display:none; color:#FFF;}
#num{position:absolute; right:15px; bottom:10px;}
#num li{float:left; width:25px; height:25px; line-height:25px; text-align:
center; background-color:#EEE; margin:5px;}
```

本例将外层的 div 设置成相对定位，目的是给内部绝对定位 ul 做定位参照，让说明文字显示在左下角，编号显示在右下角。同时将图片和说明文字所在的 li 元素都设置为不显示，这样就只有第 1 张图和第 1 行说明文字被显示出来，因为它们在 HTML 结构中被内联样式设置为 block 方式显示，由此也说明内联样式的优先级要高于连接样式。

上述 CSS 代码涉及的属性及意义如下：

（1）width：设置宽度。

（2）height：设置高度。

（3）line-height：设置行间的距离，即行高。

（4）position：设置定位，relative 为相对定位，absolute 为绝对定位。

（5）margin：设置外边距。

（6）padding：设置内边距。

（7）list-style-type：设置列表项标记的类型。none 是指无标记；disc 为默认，是指标记是实心圆；circle 是指标记是空心圆；square 是指标记是实心方块；decimal 是指标记是数字。

（8）display：规定元素应该生成的框的类型。none 是指此元素不会被显示；block 是指此元素将显示为块级元素，此元素前后会带有换行符；inline 为默认，指此元素会被显示为内联元素，元素前后没有换行符；inline-block 是指内联块级元素；list-item 是指此元素会作为列表显示。

（9）left：规定定位元素左外边距边界与其包含块（即父容器）左边界之间的偏移。

（10）right：规定定位元素右外边距边界与其包含块（即父容器）右边界之间的偏移。

（11）bottom：规定定位元素底外边距边界与其包含块（即父容器）左边界之间的偏移。

（12）text-align：规定元素中的文本的水平对齐方式。

四、图片轮换效果的实现

图片轮换的原理是将某编号的图片和说明文字设置为显示，其他则设置为隐藏；将某编号的数字的背景颜色设置为红色，其他则设置为灰色。随着编号的不断变化并循环反复，从而实现图片轮换的效果。轮换效果的 JavaScript 代码位于 4-8.js 中，代码如下：

```
var index = 1;
var picLis, textLis, numLis;
```

```
window.onload = function(){
    var tplh = document.getElementById("tplh");
    var pic = document.getElementById("pic");
    var text = document.getElementById("text");
    var num = document.getElementById("num");
    picLis = pic.getElementsByTagName("li");
    textLis = text.getElementsByTagName("li");
    numLis = num.getElementsByTagName("li");
    window.setInterval("rotate()", 2000);
};
function rotate(){
    var i;
    for(i = 0;i<6;i++){
        if(i == index)
        {   picLis[i].style.display = "block";
            textLis[i].style.display = "block";
            numLis[i].style.backgroundColor = "#F00";
        }
        else
        {   picLis[i].style.display = "none";
            textLis[i].style.display = "none";
            numLis[i].style.backgroundColor = "#EEE";
        }
    }
    index = (index+1)%6;
}
```

其中，index 是指需要显示的图片编号，picLis、textLis、numLis 分别指图片、说明文字、数字所在的 li 元素的集合。自定义函数 rotate()实现了将编号为 index 的图片、说明文字设置为 block 方式显示，其他图片和说明文字则设置为不显示；同样也设置了数字的背景颜色。而调用 window 对象的 setInterval()方法则实现了每 2000 毫秒执行 1 次 rotate()函数。"window.onload=function(){…}"的写法是指在网页加载完毕后，执行 function()中的代码。

◥ 任务六　项目实施

一、任务目标

（1）熟练掌握 JavaScript 中样式的获取和设置，以及元素的定位。
（2）熟练掌握 JavaScript 中元素的显示和隐藏。
（3）熟练掌握 JavaScript 中网页的滚动事件。

二、任务内容

在一个网页中显示一个"登录"链接和大量文字内容，要求单击"登录"链接时，能弹出登录对话框层和遮罩层，遮罩层将网页其他内容遮罩起来无法操作。拖动网页滚动条时，登录对话框能随着滚动。当单击登录对话框上的"关闭"按钮时，登录对话框和遮罩层消失，网页恢复原来的样子。

实现上述效果的关键技术在于：

（1）使用 CSS 样式的绝对定位，实现登录对话框层和遮罩层；

（2）使用 JavaScript 获取并设置登录对话框层的定位属性；

（3）使用 JavaScript 设置层的显示和隐藏；

（4）使用 JavaScript 实现网页的滚动效果。

三、操作步骤

（1）运行 Dreamweaver 软件，新建 HTML 标准网页文件 TanChuDengLu.html、CSS 文件 TanChuDengLu.css 和脚本文件 TanChuDengLu.js。

（2）TanChuDengLu.html 的代码如下：

```html
<!doctype html>
<html>
<head>
<meta charset = "utf-8">
<title>显示遮罩登录效果</title>
<link href = "css/TanChuDengLu.css" rel = "stylesheet" type = "text/css">
<script src = "js/TanChuDengLu.js" type = "text/javascript" language =
"javascript"></script>
</head>
<body>
    <form id = "form1" method = "post" action = "">
    <!-- 遮罩层，默认不显示 -->
    <div id = "mask" style = "display:none;" ></div>
    <!-- 登录层，默认不显示 -->
    <div id = "login" style = "display:none;" >
        <div id = "loginCon">
            <div style = "background-color:#CCCCCC; padding:3px 10px;
position:relative;">
            登录<img src = "imgs/close.jpg" id = "closeIcon"/>
            </div>
            <div style = "background-color:#FFFFFF; padding:5px 10px 15px;">
                <div style = "padding:3px 0px 0px 0px;">
                用户名：
                <input type = "text" name = "username" id = "username">
                </div>
```

```
            <div style = "padding:3px 0px 0px 0px;">
                密  码:
                <input type = "text" name = "password" id = "password">
            </div>
        </div>
        <div style="background-color:#CCCCCC;padding:5px 15px; text-align:
center;">
            <input type = "submit" name = "btSub" id = "btSub" value = "登
录" />  
            <input type = "button" name = "Button_cancel" value = "取
消" onclick = "hideLayer()"/>
        </div>
    </div>
</div>
</form>
<div id = "content">
    <p><a id = "btLogin" href = "javascript:void(0)">登录</a></p>
```

\<p\>教育部全国学生资助管理中心今天在教育部官网刊出"致初中毕业生"和"致高中毕业生"两封信，明确表示不会让即将面临初中和高中毕业的学子为钱发愁。\</p\>

\<p\>在致初中毕业生的信中，教育部指出，无论是选择接受普通高中教育还是中等职业教育的学生，国家资助政策都会帮助其顺利入学、完成学业。\</p\>

\<p\>如果进入普通高中，家庭经济困难的学生可以申请国家助学金；建档立卡贫困户学生、家庭经济困难的残疾学生、农村低保家庭学生、农村特困救助供养学生还可享受国家免学杂费政策。\</p\>

\<p\>如果进入中等职业学校，涉农专业学生和其他专业的家庭经济困难学生可以申请国家助学金；农村学生、城市涉农专业和家庭经济困难学生，还可以享受国家免学费政策。此外，从今年秋季学期开始，国家将在中等职业学校设立国家奖学金。\</p\>

\<p\>对高中毕业生，教育部承诺，国家的高校学生资助政策会让每一个高中毕业生入学前、入学时、入学后"三不愁"。\</p\>

\<p\>入学前，家庭经济困难学生可以向当地教育局资助中心申请生源地信用助学贷款，用来交学费和住宿费，上学期间的利息由国家付给银行。中西部地区家庭经济困难的新生，还可以申请新生入学资助，获得路费补助和短期生活费补助。\</p\>

\<p\>入学时，如果是建档立卡、低保、特困救助供养、残疾或者其他家庭经济困难的学生，可带着认定申请表和已有的相关材料复印件，通过"绿色通道"办理入学手续。\</p\>

\<p\>入学后，老师会摸查新生的家庭经济状况，根据困难程度确定合适的资助方式。\</p\>

```
    //以下略
</body>
</html>
```

TanChuDengLu.css 的代码如下：

```css
*{
margin:0;
padding:0;
font-size:14px;
font-weight:normal;
font-family:verdana, tahoma, helvetica, arial, sans-serif, "宋体";
font-style:normal;
```

```
list-style-type:none;
text-decoration:none;
}
html,body{height:100%; overflow:auto;}
#content{padding:0 15px;}
#mask
{
position:absolute;
bottom:0;
right:15px;
padding:0;
width:100%;
height:100%;
background-color:#000000;
filter:alpha(opacity = 30);
opacity:0.3;
z-index:100;
}
#login
{
position:absolute;
width:250px;
z-index:200;
/* 将定位的 top、left 留在 js 文件中确定 */
/* top:50px; */
/* left:150px; */
background-color:#999999;
padding:5px;
}
#loginCon
{
border:1 px #666666;
}
#closeIcon
{
position:absolute;
right:7px;
top:2px;"
}
```

TanChuDengLu.js 的代码如下：

```
var login;          //登录层
var mask;           //遮罩层
var btLogin;        //"登录"链接
var closeIcon;      //"关闭"按钮
window.onload = function()
```

```
        {
         login = document.getElementById("login");
         mask = document.getElementById("mask");
         btLogin = document.getElementById("btLogin");
         closeIcon = document.getElementById("closeIcon");
         //单击"登录"链接时，设置登录框位置并显示
         btLogin.onclick = function(){
             setPos();
             showLayer();
         };
         //单击"关闭"按钮时，调用 hideLayer()隐藏登录层
         closeIcon.onclick = hideLayer;
        }


        //登录框随网页滚动
        window.onscroll = function()
        {
         setPos();
        }


        //调整登录层的位置
        function setPos()
        {
         //var login = document.getElementById("login");
         var bodyWidth = document.body.clientWidth; //网页内容宽度
         //获取 login 节点的样式
         var myStyle = login.currentStyle ? login.currentStyle : document.
defaultView.getComputedStyle(login, null);
         //获取样式中设置的宽和高
         var loginWidth = parseInt(myStyle.width);
         var left = bodyWidth/2-loginWidth/2;
         //50 加网页滚动的距离
         var top = 50 + document.body.scrollTop;
         //注意添加单位 px
         login.style.left = left+"px";
         login.style.top = top+"px";
        }


        //显示遮罩层和登录层
        function showLayer()
        {
         login.style.display = "block";
         mask.style.display = "block";
        }


        //隐藏遮罩层和登录层
```

```
function hideLayer()
{
 login.style.display = "none";
 mask.style.display = "none";
}
```

（3）运行结果如图 4-14 所示。

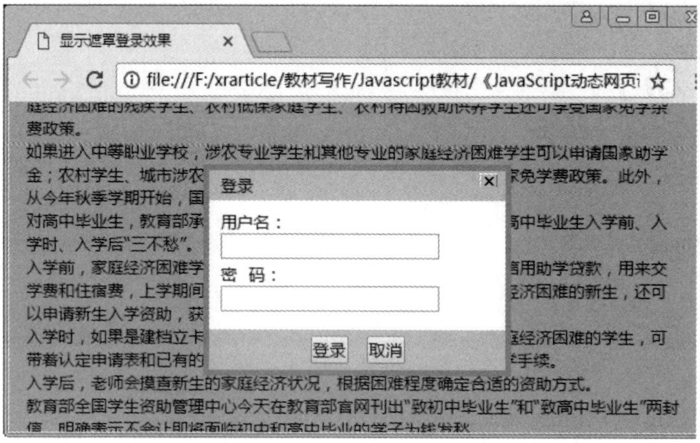

图 4-14　显示遮罩登录效果

四、拓展内容

在完成以上要求的实训内容后，可以选择进一步完善登录的验证功能。

制作浮动广告

本项目主要内容

➢ 常用的基本对象

➢ 浏览器对象模型（BOM）

➢ 制作浮动广告

浮动广告是很常见的一种网页特效。最常见的是一张图片在网页上随机浮动，当鼠标指针放在图片上时，图片停止移动，当鼠标指针移开时，图片继续移动，图片遇到浏览器边界时，会弹回并改变移动方向。浮动广告效果要用到 window 对象的属性和方法，也涉及层的定位。

任务一　常用的基本对象

对象是 JavaScript 比较特殊的特征之一，严格来说，前面介绍的一切，包括函数，都是对象的概念，本项目围绕对象进行简单的描述，并介绍几种常用的对象。

一、对象简介

1. 对象

对象（Object）定义为属性的无序集合，每个属性存放一个原始值、对象或函数。严格来说，这意味着对象是无特定顺序的值的数组。

2. 对象的构成

在 JavaScript 中，对象由特性（attribute）构成，特性可以是原始位，也可以是引用值。若特性存放的是函数，则它将被视为对象的方法（method），否则该特性被视为对象的属性（property）。

3. 声明和实例化

对象的创建方式为：用关键字 new 后面跟上实例化的类的名字。

```
var oObject = new Object();
var oStringObiect = new String();
```

第一行代码创建了 Object 类的一个实例，并把它存储到变量 oObject 中。第二行代码创建了 String 类的一个实例，并把它存储在变量 oStringObject 中。若无参数，则括号不是必需的，因此可以采用下面的形式重写上面的两行代码。

```
var oObject = new Object;
var oStringObject = new String;
```

4. 对象引用

在 JavaScript 中，不能访问对象的物理表示，只能访问对象的引用。每次创建对象，存储在变量中的都是该对象的引用而不是对象本身。

对象引用的格式如下：

```
对象名.on 事件 = <语句>|<函数名>
```

例如：

```
<script type = "text/javascript">
document.onload = alert("建议浏览器的分辨率：800x600");
var str = "建议浏览器的分辨率：800x600";
document.onload = alert(str);
</script>
```

在 Chrome 浏览器中的运行结果如图 5-1 所示。

图 5-1　运行结果

也可以写成如下形式：

```
<script type = "text/javascript">
function show()
{
    var str = "建议浏览器的分辨率：800x600";
    alert(str);
}
document.onload = show();
</script>
```

5. 对象废除

JavaScript 有无用存储单元收集程序，意味着它不必专门销毁对象来释放内存。当再没有某对象的引用时，该对象就被废除了。运行无用存储单元收集程序时，所有废除的对象都被销毁。每当函数执行完它的代码，无用存储单元收集程序都会执行，释放所有的局部变量，在其他不可预知的情况下，无用存储单元收集程序也会执行。

把对象的所有引用都设置为 null，可以强制性地废除对象。当将量 oObject 设置为 null 后，对第一个创建的对象的引用就不存在了。这意味着下次执行无用存储单元收集程序时，该对象将被销毁。每用完一个对象就将其废除来释放内存，是个好习惯。

二、时间日期对象（Date）

时间、日期是与日常生活息息相关的事情，在 JavaScript 中，Date 对象用来处理时间、日期。JavaScript 把日期存为距离 UTC 时间（1970 年 01 月 01 日 00 时 00 分 00 秒）的毫秒数。

1. 定义日期

Date 对象用于处理日期和时间。可以通过 new 关键字来定义 Date 对象。以下代码定义了名为 myDate 的 Date 对象。

```
var myDate = new Date();
```

在下面的例子中，本书只演示几个比较重要而又常用的显示时间和日期的方法。

【范例 5-1】使用 Date()方法可以获得当日的日期和时间。

```
<script type = "text/javascript">
alert(Date());
</script>
```

在 Chrome 浏览器中的运行结果如图 5-2 所示。

此网页显示

Sat Nov 17 2018 16:19:24 GMT+0800 (中国标准时间)

确定

图 5-2　Date()方法的使用

2. 获取时间和日期

（1）获取时间：getTime()方法。

getTime()方法返回从 1970 年 1 月 1 日至今的毫秒数（系统时间）。

【范例 5-2】使用 get Time()方法返回系统时间。

```
<script type = "text/javascript">
function GetTimeTest()
{
    var d,s,t;
    var MinMilli = 1000*60;
    var HrMilli = MinMilli*60;
    var DyMilli = HrMilli*24;
    d = new Date();
    t = d.getTime();
    s = "It's been"
    s+ = Math.round(t/DyMilli)+"days since 1/1/7"
```

```
        return(alert(s));
    }
    </script>
    <form>
        <input type = "button" value = "输出当前的系统时间？" onclick = "GetTimeTest
()">
    </form>
```

运行结果如图 5-3 所示。

图 5-3　运行结果

（2）获取日期：getDay()方法。

getDay()方法和数组可以用来显示星期，而不仅仅是数字。

【范例 5-3】使用 getDay()方法和数组显示星期，返回值为 0～6，其中 0 表示星期日，1 表示星期一，……，6 表示星期六。

```
<script type = "text/javascript">
var d = new Date()
var weekday = new Array(7)
weekday[0] = "星期日";
weekday[1] = "星期一";
weekday[2] = "星期二";
weekday[3] = "星期三";
weekday[4] = "星期四";
weekday[5] = "星期五";
weekday[6] = "星期六";
alert("今天是"+weekday[d.getDay()]);
</script>
```

在 Chrome 浏览器中的运行结果如图 5-4 所示。

图 5-4　使用 getDay()方法和数组显示星期

【范例 5-4】时间日期对象的使用。

```
<script type = "text/javascript">
var now = new Date();
var day = now.getDay();
```

```
var dayName;
if(day == 0) dayName = "星期日";
else if(day == 1) dayName = "星期一";
else if(day == 2) dayName = "星期二";
else if(day == 3) dayName = "星期三";
else if(day == 4) dayName = "星期四";
else if(day == 5) dayName = "星期五";
else dayName = "星期六";
alert("今天是快乐的"+dayName);
</script>
```

在 Chrome 浏览器中的运行结果如图 5-5 所示。

图 5-5　时间日期对象的使用

三、数学计算对象（Math）

1. Math 对象

Math 对象的作用是执行普通的算术任务。Math 对象提供多种算术值和算术方法，无须在使用这个对象之前对它进行定义。

2. 算术值

常用的算术值如下：

（1）E：自然对数的底数。

（2）PI：圆周率。

（3）SQRT2：2 的平方根。

（4）SQRT(1/2)：1/2 的平方根。

（5）LN2：2 的自然对数。

（6）LN10：10 的自然对数。

（7）LOG10E：以 10 为底的 e 的对数。

3. 算术方法

常用的算术方法如下：

（1）ceil(数值)：大于等于该数值的最小整数。

（2）floor(数值)：小于等于该数值的最大整数。

（3）min(数值 1,数值 2)：最小值。

（4）max(数值 1,数值 2)：最大值。

（5）pow(数值 1,数值 2)：数值 1 的数值 2 次方。

（6）random()：0 到 1 的随机数。

（7）round(数值)：最接近该数值的整数。

（8）sqrt(数值)：开平方根。

【范例 5-5】Math 对象中 round()方法的使用。

```
<script type = "text/javascript">
document.write(Math.round(0.60)+"<br/>")
document.write(Math.round(0.50)+"<br/>")
document.write(Math.round(0.49)+"<br/>")
document.write(Math.round(-4.40)+"<br/>")
document.write(Math.round(-4.60))
</script>
```

在 Chrome 浏览器中的运行结果如图 5-6 所示。

document
file:///C:/Users/pc/D...
1
1
0
-4
-5

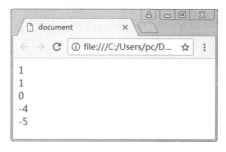

图 5-6　round()方法的使用

【范例 5-6】Math 对象中 random()方法的使用，结果返回一个介于 0 和 1 之间的随机数。

```
<script type = "text/javascript">
alert(Math.random());
</script>
```

在 Chrome 浏览器中的运行结果如图 5-7 所示。

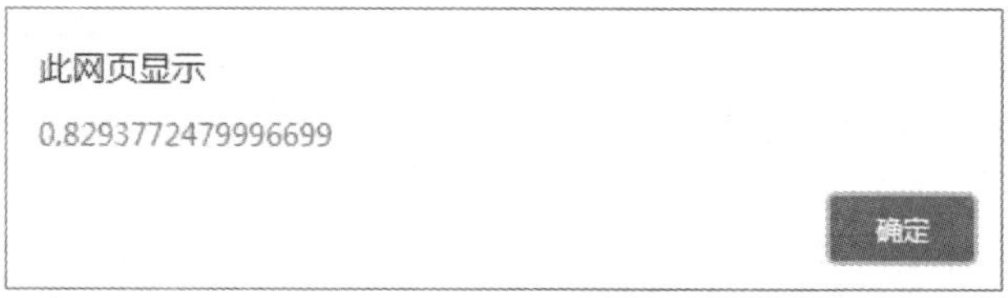

此网页显示
0.8293772479996699
确定

图 5-7　random()方法的使用

【范例 5-7】Math 对象中 max()方法的使用，结果返回两个给定的数中较大的数。

```
<script type = "text/javascript">
document.write(Math.max(5,7)+"<br/>")
document.write(Math.max(-3,5)+"<br/>")
document.write(Math.max(3,-5)+"<br/>")
document.write(Math.max(7.25,7.30))
</script>
```

在 Chrome 浏览器中的运行结果如图 5-8 所示。

图 5-8　max()方法的使用

任务二　浏览器对象模型（BOM）

浏览器对象模型（Browser Object Model，BOM）用于将 JavaScript 脚本与浏览器进行交互。浏览器对象模型目前没有具体的标准。由于现代浏览器已经（几乎）实现了 JavaScript 交互性方面的相同方法和属性，因此，BOM 常被认为是 BOM 的方法和属性。

一、window 对象

window 对象是浏览器窗口对文档提供的一个显示的容器，通过 window 对象可以控制窗口的大小和位置、由窗口弹出的对话框、打开窗口与关闭窗口，还可以控制窗口上是否显示地址栏、工具栏、状态栏等栏目。对于窗口中的内容，window 对象可以控制是否重载网页、返回上一个文档或前进到下一个文档，甚至还可以停止加载文档。所有浏览器都支持 window 对象，它表示浏览器窗口。

1. window 对象的属性

window 对象的属性如表 5-1 所示。

表 5-1　window 对象的属性

属　　性	描　　述
document	对话框中显示的当前文档
location	指定当前文档的 URL
name	对话框的名字
status	状态栏中的当前信息
top	表示最顶层的浏览器对话框
parent	表示包含当前对话框的父对话框
opener	表示打开当前对话框的父对话框
self	表示当前对话框
screen	表示用户屏幕，提供屏幕尺寸、颜色深度等信息
navigator	表示浏览器对象，用于获得与浏览器相关的信息

所有 JavaScript 全局对象、函数及变量均自动成为 window 对象的成员。全局变量是 window 对象的属性，全局函数是 window 对象的方法。甚至 HTML DOM（Document Object Model）中的 document 也是 window 对象的属性之一：

```
window.document.getElementById("header");
```

与此相同：

```
document.getElementById("header");
```

有三种方法能够确定浏览器窗口的尺寸（不包括工具栏和滚动条）。

对于 Internet Explorer（8 以上）、Chrome、Firefox、Opera 及 Safari 浏览器：

```
window.innerHeight//浏览器窗口的内部高度
window.innerWidth//浏览器窗口的内部宽度
```

对于 Internet Explorer 8、7、6、5 浏览器：

```
document.documentElement.clientHeight        //浏览器窗口的内部高度
document.documentElement.clientWidth         //浏览器窗口的内部宽度
```

或者

```
document.body.clientHeight         //浏览器窗口的内部高度
document.body.clientWidth          //浏览器窗口的内部宽度
```

【范例 5-8】 显示浏览器窗口的高度和宽度（不包括工具栏和滚动条）。

```html
<html><head>
<meta http-equiv = "Content-Type" content = "text/html; charset = utf-8"/>
<title>显示浏览器窗口的高度和宽度</title>
<script language = "javascript">
Varw = window.innerWidth
//document.documentElement.clientWidth 或 document.body.clientWidth;
var h = window.innerHeight
//document.documentElement.clientHeight 或 document.body.clientHeight;
alert(w+"  "+h);
</script>
</head>
<body>
</body>
</html>
```

在 Chrome 浏览器中的运行结果如图 5-9 所示。

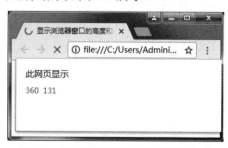

图 5-9　显示浏览器窗口的高度和宽度

2. window 对象的方法

window 对象的方法如表 5-2 所示。

表 5-2　window 对象的方法

方　　　法	描　　　述
alert(警告信息字符串)	弹出警告对话框
confirm(确认信息字符串)	弹出确认对话框
prompt(提示信息字符串[, 默认值])	弹出提示对话框, 并提供可输入的字段
atob(欲译码的字符串)	对 base-64 编码字符串进行译码
btoa(欲编码的字符串)	对字符串进行 base-64 编码
back()	回到历史记录的上一网页
forward()	加载历史记录中的下一网页
open(URL, 窗口名称[, 窗口规格])	打开一个新的浏览器窗口或查找一个已命名的窗口
focus()	焦点移到该窗口
blur()	窗口转成背景
stop()	停止加载网页
close()	关闭浏览器窗口
enableExternalCapture()	允许有框架的窗口获取事件
disableExternalCapture()	关闭 enableExternalCapture()
captureEvents(事件类型)	捕捉窗口的特定事件
routeEvent(事件)	传送已捕捉的事件
handleEvent(事件)	使特定事件的处理生效
releaseEvents(事件类型)	释放已获取的事件
moveBy(水平点数,垂直点数)	相对定位
moveTo(x 坐标, y 坐标)	绝对定位
setResizable(true|false)	是否允许调整窗口大小
resizeBy(水平点数,垂直点数)	相对调整窗口大小
resizeTo(宽度,高度)	绝对调整窗口大小
scrollBy(水平点数,垂直点数)	相对滚动窗口
scrollTo(x 坐标, y 坐标)	绝对滚动窗口
home()	进入浏览器设置的主页
find([字符串,caseSensitivr,backward])	查找窗口中特定的字符串
setHotKeys(true|false)	激活或关闭组合键
setZOptions()	设置窗口重叠时的堆栈顺序

（1）对话框的类型

window 对象提供了 3 种对话框, 包括警告对话框、确认对话框和提示对话框。

① alert()方法: 弹出警告对话框, 通常包括一些对用户的警告信息。例如, 在表单中输入了错误的数据时会弹出警告对话框。警告对话框是由系统提供的, 因此样式字体在不同浏览器中可能不同。警告对话框是排他的, 也就是在用户单击对话框的按钮前, 不能进行任何其他操作。警告对话框通常用于调试程序。

② confirm()方法：弹出确认对话框（对话框中包含一个"确定"按钮和一个"取消"按钮）。

- confirm()方法的语法：confirm(str)。
- confirm()方法的参数：str 表示对话框中的文本。
- confirm()方法的返回值：Boolean 值，当用户单击"确定"按钮时，返回 true；当用户单击"取消"按钮时，返回 false。通过返回值可以判断用户单击了哪个按钮。

【范例 5-9】confirm()方法的使用。

```
<script type = "text/javascript">
if(confirm("确定要离开当前页面吗？")){
    alert("886 my friend");
}
else{
    alert("Welcome");
}
</script>
```

在 Chrome 浏览器中的运行结果如图 5-10 和图 5-11 所示。

此网页显示	此网页显示
确定要离开当前页面吗？	886 my friend
确定 取消	确定

图 5-10　确认对话框效果　　　　　　　图 5-11　确认对话框效果

③ prompt()方法：弹出提示对话框（对话框中包含一个"确定"按钮、一个"取消"按钮与一个文本输入框）。

- prompt()方法的语法：prompt(str1, str2)。
- prompt()方法的参数：str1 表示要显示在消息对话框中的文本，不可修改。str2 表示文本框中的内容，可以修改。
- prompt 方法的返回值：若单击"确定"按钮，则文本框中的内容将作为方法返回值。若单击"取消"按钮，则将返回 null。

【范例 5-10】prompt()方法的使用。

```
<script type = "text/javascript">
var sResult = prompt("请在下面输入你的姓名","张闻强老师");
    if(sResult! = null){
        alert("你好"+sResult);
    }else{
        alert("你好 my friend.");
}
</script>
```

在 Chrome 浏览器中的运行结果如图 5-12 和图 5-13 所示。

（2）open()方法和 close()方法

使用 open()方法和 close()方法能够通过 js 脚本控制打开和关闭一个新的窗口。

图 5-12 提示对话框效果   图 5-13 提示对话框效果

【范例 5-11】open()方法和 close()方法的使用。

```
<html>
<head>
<meta http-equiv = "Content-Type" content = "text/html; charset = utf-8" />
<title>打开和关闭一个新的窗口</title>
<script type = "text/javascript">
function openwindow()
{
    window.open("http://www.baidu.html");
}
function closewindow( )
{
    window.close ( );
}
</script>
</head>
<body>
<from>
<input type = button value = "打开窗口" onClick = "openwindow()">
<input type = button value = "关闭窗口" onClick = "closewindow()">
</from>
<body>
```

在 Chrome 浏览器中的运行结果如图 5-14 所示。

图 5-14 打开和关闭一个新的窗口

二、document 对象

通过文档对象模型 HTML DOM（Document Object Model），可访问 JavaScript HTML

文档中的所有元素。当网页被加载时，浏览器会创建页面的文档对象模型。

HTML DOM 模型被构造为对象的树，如图 5-15 所示。

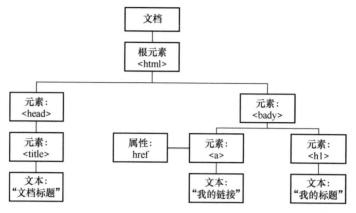

图 5-15　HTML DOM 模型

document 对象用于表现 HTML 页面当前窗口的内容，是 window 对象的一部分，可通过 window.document 属性对其进行访问。document 对象的属性如表 5-3 所示。

表 5-3　document 对象的属性

属　　性	描　　述
alinkColor	设置或检索文档中所有活动链接的颜色
bgColor	设置或检索 document 对象的背景颜色
body	指定文档正文的开始和结束
linkColor	设置或检索文档链接的颜色
location	包含关于当前 URL 的信息
title	包含文档的标题
url	设置或检索当前文档的 URL
vlinkColor	设置或检索用户访问过的链接的颜色

使用 document 的属性设置 body 背景颜色的方法如下：

```
document.body.style.backgroundColor = red;
```

或者

```
document.bgColor = "#CCFFFF";
```

【范例 5-12】设置背景颜色。

```
<script>
var bgColor = prompt("你喜欢哪一种底色：\n 浅蓝色请按 1，粉红色请按 2",1)
if(bgColor == 1)
    document.bgColor = "#CCFFFF";
else if(bgColor == 2)
    document.bgColor = "#FFCCFF";
else document.bgColor = "#FFFFFF";
</script>
```

在 Chrome 浏览器中的运行结果如图 5-16 所示。

此网页显示

你喜欢哪一种底色：
浅蓝色请按1，粉红色请按2

1

确定　取消

图 5-16　设置背景颜色

document 对象的方法如表 5-4 所示。

表 5-4　document 对象的方法

方　　法	描　　述
close()	关闭用 document.open()方法打开的输出流，并显示选定的数据
getElementById()	返回对拥有指定 id 的第一个对象的引用
getElementsbyName()	返回带有指定名称的对象集合
getElementsByTagName()	返回带有指定标签名的对象集合
open()	打开一个流，以收集来自任何 document.write()或 document. writeln()的内容
write()	向文档写入HTML表达式或 JavaScript 代码
writeln()	等同于 write()方法，不同的是在每个表达式之后写一个换行符

【范例5-13】使用 window 对象、document 对象的 write()方法输出长方形的面积和周长。

```html
<html>
<head>
<meta http-equiv = "Content-Type" content = "text/html; charset = utf-8" />
<title>输出长方形的面积和周长</title>
<script type = "text/javascript">
var width = 100;
var height = 20;
var mianji = width*height;
var zhouchang = 2*(width+height);
document.write("长方形的面积为"+mianji+"<br\>");
document.write("长方形的周长为"+zhouchang);</script>
</head>
<body>
</body>
</html>
```

在 Chrome 浏览器中的运行结果如图 5-17 所示。

图 5-17　输出长方形的面积和周长

【范例 5-14】输出页面更新的时间。

```
<script type = "text/javascript">
var update_date = document.lastModified;
var formated_date = update_date.substring(0,10);
document.write("本网页更新日期: " + update_date + "<BR>")
document.write("本网页更新日期: " + formated_date)
</script>
```

在 Chrome 浏览器中的运行结果如图 5-18 所示。

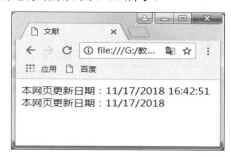

图 5-18　运行结果

document 对象是可编程的对象模型，JavaScript 获得了足够的能力来创建动态的 HTML，以及：

（1）使用 DOM 改变 HTML 元素的内容（innerHTML）。

（2）使用 DOM 改变 HTML 元素的样式（CSS）。

（3）使用 DOM 对 HTML DOM 事件做出反应。

（4）使用 DOM 添加或删除 HTML 元素。

三、location 对象

window.location 对象用于获得当前页面的地址（URL），并把浏览器重定向到新的页面。window.location 对象在编写时可不使用 window 这个前缀。location 对象包含有关当前 URL 的信息，是 window 对象的一部分，可通过 window.location 属性对其进行访问。

> **注　意**
>
> 目前没有应用于 location 对象的公开标准，不过所有浏览器都支持该对象。

location 对象具有如下特点：

（1）location 既是 window 对象的属性，又是 document 对象的属性。

（2）location 包含 8 个属性，其中 7 个都是当前页面的 URL 的一部分，剩下最重要的一个是 href 属性，代表当前页面的 URL。

（3）location 的 8 个属性都是可读写的，但是只有 href 与 hash 的写才有意义。例如，改变 location.href 会重新定位到一个 URL，而改变 location.hash 会跳转到当前页面中的 anchor（<a id="name">或者<div id="d">等）名字的标记（如果有），而且页面不会被重新加载。

location 对象的属性如表 5-5 所示。

表 5-5　location 对象的属性

属　　性	描　　述
hash	返回 URL 的锚部分
host	返回 URL 的主机名和端口
hostname	返回 URL 的主机名
href	返回完整的 URL
pathname	返回 URL 的路径名
port	返回 URL 服务器使用的端口号
protocol	返回 URL 协议
search	返回 URL 的查询部分

【范例 5-15】使用 location.href 属性返回当前页面的完整的 URL。

```
<scripttype = "text/javascript">
document.write(location.href);
</script>
```

以上代码输出为：

```
file:///C:/范例.html
```

【范例 5-16】使用 location.pathname 属性返回当前 URL 的路径名。

```
<script>
document.write(location.pathname);
</script>
```

以上代码输出为：

```
/js/js_window_location.asp
```

【范例 5-17】使用 location.assign()方法加载一个新的文档。

```
<html xmlns = "http://www.w3.org/1999/xhtml">
<head>
<meta http-equiv = "Content-Type" content = "text/html; charset = utf-8" />
<title>加载一个新的文档</title>
</head>
<script>
function newDoc()
{
    window.location.assign("http://www.baidu.com")
}
</script>
```

```
<body>
<input type = "button" value = "加载新文档" onclick = "newDoc()">
</body>
</html>
```

在 Chrome 浏览器中的运行结果如图 5-19 所示。

图 5-19　加载一个新的文档

四、navigator 对象

在进行 Web 开发时，navigator 对象的属性用来确定用户浏览器的版本，进而编写针对某一浏览器版本的代码。因为当前流行着几大浏览器，并且各浏览器对 W3C 的 Web 规范的实现都有区别，所以在编程时有必要识别不同的浏览器。

window.navigator 对象包含有关访问者浏览器的信息，在编写时可不使用 window 这个前缀。

1. navigator 对象的属性

navigator 对象的属性如表 5-6 所示。

表 5-6　navigator 对象的属性

属　　性	描　　述
appCodeName	返回浏览器的代码名称
appName	返回浏览器的名称
appVersion	返回浏览器的平台和版本信息
cookieEnabled	返回指明浏览器中是否启用 cookie 的布尔值
platform	返回运行浏览器的操作系统平台
userAgent	返回由客户机发送到服务器的 user-agent 头部的值

这些都是在 Web 开发中经常用到的属性。例如，XMLHttpRequest 对象的创建方式，在 IE 浏览器和其他浏览器中是不同的，因此需要通过读取 navigator 对象的 appName 属性来确定是不是在 IE 浏览器中。

2. navigator 对象的方法

navigator 对象的方法如表 5-7 所示。

表 5-7　navigator 对象的方法

方　法	描　述
javaEnabled()	规定是否在浏览器中启用 Java
taintEnabled()	规定浏览器是否启用数据污点（data tainting）

【范例 5-18】使用 navigator 对象输出当前浏览器的信息。

```
<html xmlns = "http://www.w3.org/1999/xhtml">
<head>
<meta http-equiv = "Content-Type" content = "text/html; charset = utf-8" />
<title>输出当前浏览器的信息</title>
</head>
<body>
<div id = "example"></div>
<script>
txt = "<p>Browser CodeName: " + navigator.appCodeName + "</p>";
txt += "<p>Browser Name: " + navigator.appName + "</p>";
txt += "<p>Browser Version: " + navigator.appVersion + "</p>";
txt += "<p>Cookies Enabled: " + navigator.cookieEnabled + "</p>";
txt += "<p>Platform: " + navigator.platform + "</p>";
txt += "<p>User-agent header: " + navigator.userAgent + "</p>";
txt += "<p>User-agent language: " + navigator.systemLanguage + "</p>";
document.getElementById("example").innerHTML = txt;
</script>
</body>
</html>
```

在 Chrome 浏览器中的运行结果如图 5-20 所示。

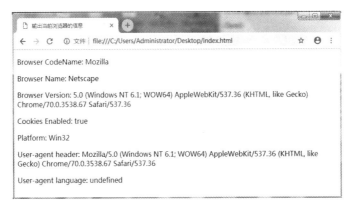

图 5-20　输出当前浏览器的信息

五、screen 对象

window.screen 对象在编写时可以不使用 window 这个前缀。

screen 对象的属性如表 5-8 所示。

表 5-8　screen 对象的属性

属　　　性	描　　　述
availHeight	返回屏幕的高度（不包括 Windows 任务栏）
availWidth	返回屏幕的宽度（不包括 Windows 任务栏）
colorDepth	返回目标设备或缓冲器上的调色板的比特深度
height	返回屏幕的总高度
pixelDepth	返回屏幕的颜色分辨率（每像素的位数）
width	返回屏幕的总宽度

【范例 5-19】返回屏幕的可用宽度。

```
<script>
with(document){
    write("您的屏幕显示设定值如下：<p>");
    write("屏幕的实际高度为", screen.availHeight, "<br>");
    write("屏幕的实际宽度为", screen.availWidth, "<br>");
    write("屏幕的色盘深度为", screen.colorDepth, "<br>");
    write("屏幕区域的高度为", screen.height, "<br>");
    write("屏幕区域的宽度为", screen.width);
}
</script>
```

在 Chrome 浏览器中的运行结果如图 5-21 所示。

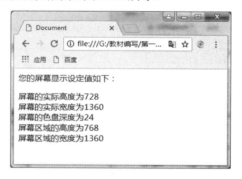

图 5-21　返回屏幕的可用宽度

六、history 对象

history 对象包含用户（在浏览器窗口中）访问过的 URL。history 对象是 window 对象的一部分，可通过 window.history 属性对其进行访问。

> **注　意**
>
> 目前没有应用于 history 对象的公开标准，不过所有浏览器都支持该对象。

1. history 对象的属性

history 对象的属性如表 5-9 所示。

表 5-9　history 对象的属性

属　　性	描　　述
length	返回历史列表中的网址数

2. history 对象的方法

history 对象的方法如表 5-10 所示。

表 5-10　history 对象的方法

方　　法	描　　述
back()	加载 history 列表中的上一个 URL
forward()	加载 history 列表中的下一个 URL
go()	加载 history 列表中的某个具体页面

【范例 5-20】实现网站上页、下页之间的网页跳转，效果如图 5-22、图 5-23、图 5-24 所示。网页文件 1.html 的代码如下：

```
<html xmlns = "http://www.w3.org/1999/xhtml">
<head>
<meta http-equiv = "Content-Type" content = "text/html; charset = utf-8" />
<title>唐诗三百首（1）</title>
</head>
<body>
<table width = "904" height = "300" border = "1">
<tr>
<td height = "75" colspan = "4" align = "center"><strong>唐诗三百首
</strong></td>
</tr>
<tr>
<td align = "center">
<p>春思</p>
<p>唐代：李白</p>
<p>燕草如碧丝，秦桑低绿枝。</p>
<p>当君怀归日，是妾断肠时。</p>
<p>春风不相识，何事入罗帏。</p>
</td>
<td align = "center">
<p>送别</p>
<p>唐代：王维</p>
<p>下马饮君酒，问君何所之？</p>
<p>君言不得意，归卧南山陲。</p>
<p>但去莫复问，白云无尽时。</p></td>
<td align = "center">
```

```
<p>终南山</p>
<p>唐代：王维</p>
<p>太乙近天都，连山接海隅。</p>
<p>白云回望合，青霭入看无。</p>
<p>分野中峰变，阴晴众壑殊。</p>
<p>欲投人处宿，隔水问樵夫。</p>
</tr>
<tr>
<td height = "75" colspan = "4" align = "center">
<p align = "center">
<a href = "javascript:history.back()">上一页</a>
<a href = "1.html">1</a><a href = "2.html">2</a>
<a href = "3.html">3</a>
<a href = "javascript:window.history.forward()">下一页</a>
</p>
</td>
</tr>
</table>
</body>
</html>
```

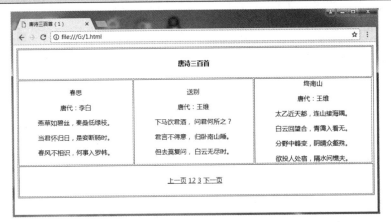

图 5-22 网页跳转第 1 页

网页文件 2.html 的代码如下：

```
<html xmlns = "http://www.w3.org/1999/xhtml">
<head>
<meta http-equiv = "Content-Type" content = "text/html; charset = utf-8" />
<title>唐诗三百首（2）</title>
</head>
<body>
<table width = "904" height = "300" border = "1">
<tr>
<td height = "75" colspan = "4" align = "center"><strong>唐诗三百首
</strong></td>
```

```
</tr>
<tr>
<td align = "center">
<p>登鹳雀楼</p>
<p>唐代：王之涣</p>
<p>白日依山尽，黄河入海流。</p>
<p>欲穷千里目，更上一层楼。</p></td>
<td align = "center">
<p>静夜思</p>
<p>唐代：李白</p>
<p>床前明月光，疑是地上霜。</p>
<p>举头望明月，低头思故乡。</p></td>
<td align = "center">
<p>终南望余雪</p>
<p>唐代：祖咏</p>
<p>终南阴岭秀，积雪浮云端。</p>
<p>林表明霁色，城中增暮寒。</p></td>
</tr>
<tr >
<td height = "75" colspan = "4" align = "center">
<p align = "center">
<a href = "javascript:history.back()">上一页</a>
<a href = "1.html">1</a><a href = "2.html">2</a>
<a href = "3.html">3</a>
<a href = "javascript:window.history.forward()">下一页</a>
</p>
</td>
</tr>
</table>
</body>
</html>
```

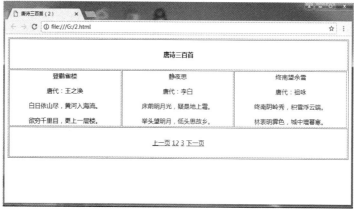

图 5-23　网页跳转第 2 页

网页文件 3.html 的代码如下：

```html
<html xmlns = "http://www.w3.org/1999/xhtml">
<head>
<meta http-equiv = "Content-Type" content = "text/html; charset = utf-8" />
<title>唐诗三百首（3）</title>
</head>
<body>
<table width = "904" height = "300" border = "1">
<tr>
<td height = "75" colspan = "4" align = "center"><strong>唐诗三百首</strong></td>
</tr>
<tr>
<td align = "center">
<p>芙蓉楼送辛渐</p>
<p>唐代：王昌龄</p>
<p>寒雨连江夜入吴，平明送客楚山孤。</p>
<p>洛阳亲友如相问，一片冰心在玉壶。</p>
</td>
<td align = "center">
<p>题金陵渡</p>
<p>唐代：张祜</p>
<p>金陵津渡小山楼，一宿行人自可愁。</p>
<p>潮落夜江斜月里，两三星火是瓜州。</p>
</td>
<td align = "center">
<p>春怨</p>
<p>唐代：刘方平</p>
<p>纱窗日落渐黄昏，金屋无人见泪痕。</p>
<p>寂寞空庭春欲晚，梨花满地不开门。</p>
</td>
</tr>
<tr >
<td height = "75" colspan = "4" align = "center">
<p align = "center">
<a href = "javascript:history.back()">上一页</a>
<a href = "1.html">1</a><a href = "2.html">2</a>
<a href = "3.html">3</a>
<a href = "javascript:window.history.forward()">下一页</a>
</p>
</td>
</tr>
</table>
</body>
```

```
</html>>
</table>
</body>
</html>
```

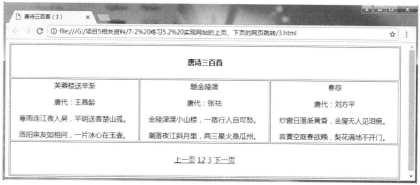

图 5-24　网页跳转第 3 页

任务三　项目实施

一、任务目标

（1）熟练掌握 JavaScript 中样式的获取和设置，以及元素的定位。
（2）熟练掌握 JavaScript 中鼠标悬停效果的制作。
（3）熟练掌握 JavaScript 中的定时调用函数。

二、任务内容

在一个网页中制作浮动广告，要求广告浮在网页内容之上，并不断运动。在碰到网页内容边界时，能"弹回"并继续运动。当鼠标指针放在广告上时，广告停止运动；当鼠标指针离开广告时，广告继续运动。用户能单击广告上的"关闭"按钮关闭浮动广告。

实现上述效果的关键技术在于：
（1）使用 CSS 样式的绝对定位，将广告浮于页面之上；
（2）使用 JavaScript 获取并设置广告的定位属性；
（3）使用 JavaScript 设置鼠标悬停效果；
（4）使用 JavaScript 的定时调用函数，实现广告的不断运动。

三、操作步骤

（1）运行 Dreamweaver 软件，新建 HTML 标准网页文件 FuDongGuangGao.html、CSS 文件 FuDongGuangGao.css 和脚本文件 FuDongGuangGao.js。

（2）FuDongGuangGao.html 的代码如下：

```
<!doctype html>
<html>
<head>
<meta charset = "utf-8">
<title>浮动广告</title>
<link href = "css/FuDongGuangGao.css" rel = "stylesheet" type = "text/css">
<script src = "js/FuDongGuangGao.js" language = "javascript" type = "text/
javascript"></script>
</head>
<body>
<div id = "ad"><img id = "closeIcon" src = "imgs/close2.jpg" width = "13"
height = "13">
<img src = "imgs/zph2019.jpg" width = "313" height = "132"></div>
<div>
内容<br/>内容<br/>内容<br/>内容<br/>内容<br/>内容<br/>内容<br/>内容<br/>内
容<br/>内容<br/>内容<br/>内容<br/>内容<br/>内容<br/>内容<br/>内容<br/>内容<br/>内
容<br/>内容<br/>内容<br/>内容<br/>内容<br/>内容<br/>内容<br/>内容<br/>内容<br/>内
容<br/>内容<br/>内容<br/>内容<br/>内容<br/>内容<br/>内容<br/>内容<br/>内容<br/>内
容<br/>内容<br/>内容<br/>内容<br/>内容<br/>内容<br/>内容<br/>内容<br/>
</div>
</body>
</html>
```

FuDongGuangGao.css 的代码如下：

```
#ad
{
width:313px;
height:132px;
position:absolute;
top:13px;
left:0;
}

#closeIcon
{
position:absolute;
top:-13px;
right:0;
}
```

FuDongGuangGao.js 的代码如下：

```
var ad;                    //广告层
var closeIcon;             //关闭图标
var myStyle;               //广告层的样式对象
```

```
    var intID;              //定时调用标识
    var adWidth;            //广告层宽度
    var adHeight;           //广告层高度
    var adTop;              //广告层 top
    var adLeft;             //广告层 left
    var stepTop = 2;        //top 每次增量
    var stepLeft = 2;       //left 每次增量
    window.onload = function()
    {
      //查找节点
      ad = document.getElementById("ad");
      closeIcon = document.getElementById("closeIcon");
      //取出样式对象
      myStyle = ad.currentStyle ? ad.currentStyle : document.defaultView.
getComputedStyle(ad, null);
      //获取广告层宽高和定位
      adWidth = parseInt(myStyle.width);
      adHeight = parseInt(myStyle.height);
      adTop = parseInt(myStyle.top);
      adLeft = parseInt(myStyle.left);

      //启动定时调用,每 30 毫秒调用一次 move()
      intID = window.setInterval("move()", 30);

      //广告层的鼠标悬停效果
      ad.onmouseover = function(){
          //停止定时调用
          window.clearInterval(intID);
      };
      ad.onmouseout = function(){
          //重新启动定时调用
          intID = window.setInterval("move()", 30);
      };
      closeIcon.onclick = function(){
          //停止定时调用
          window.clearInterval(intID);
          //隐藏广告层
          ad.style.display = "none";
      };
    }
    //改变广告层的定位
    function move()
    {
        adTop = adTop + stepTop;
```

```
adLeft = adLeft + stepLeft;

//重新设置广告层的定位，注意加单位
ad.style.top = adTop + "px";
ad.style.left = adLeft + "px";

//广告层右边框达到网页最右侧或最左侧
if(adLeft >= document.body.clientWidth-adWidth || adLeft < = 0 )
    stepLeft = -1*stepLeft;
//广告层底边框到达网页最底部或最顶部
if(adTop >= document.body.clientHeight-adHeight || adTop < = 0)
    stepTop = -1*stepTop;   //取反，正变负或负变正
}
```

（3）在 Chrome 浏览器中的运行结果如图 5-25 所示。

（实际效果）

图 5-25　浮动广告效果

四、拓展内容

在完成以上要求的实训内容后，可以选择进一步完善浮动广告的效果，例如，在浮动广告层中播放视频，能实现视频的暂停、播放等。

制作简易计算器

本项目主要内容

➤ 函数的定义与调用
➤ 函数类型
➤ 制作简易计算器

函数是一组可以随时随地运行的语句，简单地说，函数是完成某个功能的一组语句，它接收零个或者多个参数，然后执行函数体来完成某个功能，最后根据需要返回（或者不返回）处理结果，可以一次定义、多次调用。函数和对象写在一起，当函数赋值给对象的属性时，函数就变成了"方法"。也就是说，方法和函数本质上是一样的，只不过方法是函数的特例，是将函数赋值给了对象。

本项目主要介绍 JavaScript 中函数的运用，为后续的学习打下基础。

任务一　函数的定义与调用

函数是可以重复使用的代码块，可以由一个事件执行或被调用执行。函数是 ECMAScript 的核心。

一、函数的定义

函数定义的基本语法如下：

```
function 函数名(参数 0,参数 1,…,参数 N)
{
   语句;
};
```

注意区分大小写，function 关键字必须小写，在调用时必须使用与函数定义一致的函数名。括号中用逗号分开的是函数的参数（形式参数，简称形参），定义时，参数个数根据需要而定。

例如：

```
function  Haxi(sName,sMessage)
{
    alert("Hello"+sName+sMessage);
}
```

二、函数的调用

函数定义后说明函数已存在，但是执行函数需要调用，函数的应用原则是先定义（声明）、再调用。

1. 有参函数调用

有参函数调用的语法如下：

函数名(参数 1,参数 2,…,参数 N)

函数调用中的参数又称实际参数，简称实参，当函数被调用时，实参的值传递给形参。例如，调用上例中的 Haxi 函数：

```
Haxi("David","Nice to meet you!");
```

调用后，实参"David"传递给形参 sName，实参"Nice to meet you!"传递给形参 sMessage。

【范例 6-1】有参函数调用。

```
<script type = "text/javascript">
function sum(x, y)
{
    alert(x+y);
}
sum(5,7);
</script>
```

在 Chrome 浏览器中的运行结果如图 6-1 所示。

图 6-1　有参函数的调用

【范例 6-2】链接调用有参函数。

可以在<a>标签中的 href 属性中使用"JavaScript:函数名();"的格式调用函数，当用户单击这个链接时，相关函数将被执行。

代码如下：

```
<script type = "text/javascript">
function sum(x,y)
```

```
{
    alert(x+y);
}
</script>
<a href = "javascript:sum(5,7)">请单击我</a>
```

在 Chrome 浏览器中的运行结果如图 6-2 所示。

此网页显示

12

确定

图 6-2　链接调用有参函数

【范例 6-3】用有参函数和控制语句结合的方法实现数组的排序。

```
<script type = "text/javascript">
function SortNumber(obj,func)              //定义通用排序函数
{//参数验证，若第一个参数不是数组或第二个参数不是函数，则抛出异常
    for(n in obj)                          //开始排序
    {
        for(m in obj)
        {
            if(func(obj[n],obj[m]))         //使用回调函数排序，规划由用户设定
            {
                var tmp = obj[n];           //创建临时变量
                obj[n] = obj[m];            //交换变量
                obj[m] = tmp;
            }
        }
    }
    return obj;                            //返回排序后的数组
}
function greatThan(arg1,arg2)              //回调函数，用户定义的排序规则
{
    return arg1>arg2;                      //规则：从大到小
}
try{
    var numAry = new Array(5,8,6,32,1,45,7,25);//生成数组
    document.write("<li>排序前: "+numAry);      //输出排序前的数据
}
</script>
```

在 Chrome 浏览器中的运行结果如图 6-3 所示。

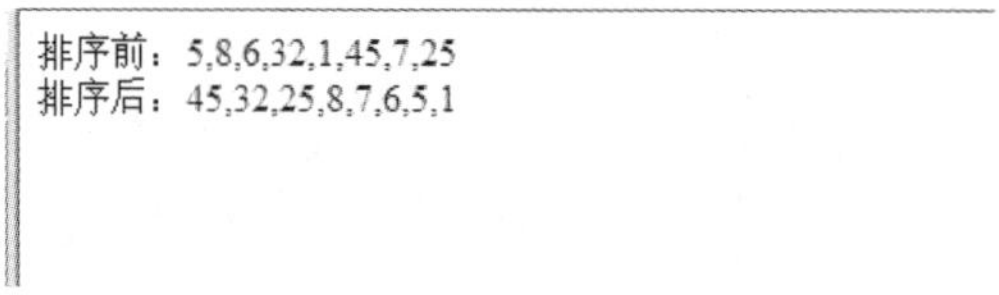

```
排序前：5,8,6,32,1,45,7,25
排序后：45,32,25,8,7,6,5,1
```

图 6-3 数组排序

JavaScript 函数并没有严格要求哪些参数是必选参数，哪些参数是可选参数，因此，传入的参数个数允许不等于定义函数时参数的个数。若在函数中使用了未定义的参数，则会提示语法错误（参数未定义），JavaScript 代码不会正常运行，若参数已经定义，但未正确地传入，则相关参数值会以 undefined 替换，JavaScript 代码仍正常运行。

【范例6-4】参数错误示例。

```html
<script type = "text/javascript">
function hello(name,age)
{
        alert("我叫+name+",我已经"+age+"岁了!");
}
</script>
</head>
<body>
<input type = "button" onclick = "hello()" value = "按钮1">
<input type = "button" onclick = "hello('Jim')" value = "按钮2">
</body>
```

上述代码在 Chrome 浏览器中的运行结果如图 6-4 和图 6-5 所示。其中，图 6-4 为没有传入参数的运行结果，图 6-5 为只传入一个参数的运行结果。

图 6-4 没有传入参数的运行结果

图 6-5 传入一个参数的运行结果

2. 无参函数调用

无参函数调用的语法如下：

```
函数名()
```

当无参函数被调用时，不用传递参数。

【范例 6-5】无参函数调用示例。

```
<title>Document</title>
<script type = "text/javascript">
function myFunction()
{
    alert("Hello World!");
}
</script>
</head>
<body>
<input type = "button" value = "单击这里" onclick = "myFunction()">
</body>
</html>
```

在 Chrome 浏览器中的运行结果如图 6-6 所示。

图 6-6　无参函数的调用

【范例 6-6】事件响应中调用无参函数。当用户单击某个按钮或某个复选框时都将触发事件，通过编写程序对事件做出反应的行为称为事件响应。在 JavaScript 中，将函数与事件相关联就完成了事件响应的过程。

示例代码如下：

```
<script type = "text/javascript">
function test()
{
    alert("事件响应中调用函数");
}
</script>
</body>
<form>
<input type = "button" value = "调试" onclick = "test()">
```

```
</form>
```

在 Chrome 浏览器中的运行结果如图 6-7 所示。

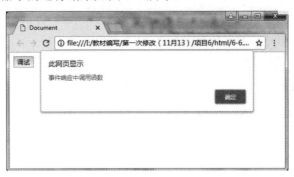

图 6-7　事件响应中调用函数的应用

函数 tese() 没有返回值，无须专门声明，类似 Java 中的 void。即使函数确实有返回值，也无须明确地声明，只需要使用 return，后跟要返回的值即可。

例如：

```
function sum(num1,num2)
{
  return num1 + num2;
}
```

如果函数无返回值，那么可以调用没有参数的 return，随时退出函数。

任务二　函数类型

JavaScript 中的函数主要有 5 类：常规函数、数组函数、日期函数、数学函数、字符串函数。

一、常规函数

JavaScript 常规函数主要包括：

（1）alert()：弹出一个警告对话框，包括一个"确定"按钮。已在项目五中介绍。

（2）confirm()：弹出一个确认对话框，包括"确定"和"取消"按钮。已在项目五中介绍。

（3）prompt()：弹出一个提示对话框，提示等待用户输入。已在项目五中介绍。

（4）escape()：将字符转换成 Unicode 码。

（5）eval()：计算表达式的结果。

（6）isNaN()：测试是（true）否（false）不是一个数字。

（7）parseFloat()：将字符串转换成浮点数字形式。

（8）parseInt()：将字符串转换成整型数字形式（可指定是几进制）。

（9）unescape()：解码由 escape()函数编码的字符。

【范例 6-7】常规函数的简单应用。

```
<script type = "text/javascript">
alert("输入错误");
prompt("请输入您的姓名","姓名");
confirm("确定否？");
</script>
```

在 Chrome 浏览器中的运行结果如图 6-8、图 6-9 和图 6-10 所示。

图 6-8　常规函数

图 6-9　常规函数

图 6-10　常规函数

二、数组函数

JavaScript 数组函数主要包括：

（1）join()：转换并连接数组中的所有元素为一个字符串。

【范例 6-8】join()函数的使用。

```
<script type = "text/javascript">
function JoinDemo()
{
    var a,b;
    a = new Array(0,1,2,3,4);
    b = a.join("-");
    return(alert(b));
}
</script>
<form>
    <input type = "button" value = "调试" onclick = "JoinDemo();">
</form>
```

在 Chrome 浏览器中的运行结果如图 6-11 所示。

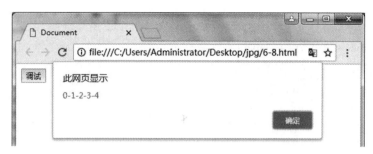

图 6-11　运行结果

> **注　意**
>
> 　　数组对象（Array）有一个常用的属性 length，表示数组中元素的个数，在对数组的操作中，length 属性经常使用。

【范例 6-9】数组属性 length 的使用。

```
<script type = "text/javascript">
function LengthDemo()
{
    var a,l;
    a = new Array(0,1,2,3,4);
    l = a.length;
    return(alert(l));
}
</script>
<form>
    <input type = "button" value = "调试" onclick = "LengthDemo();">
</form>
```

在 Chrome 浏览器中的运行结果如图 6-12 所示。

图 6-12　运行结果

（2）reverse()：将数组元素的顺序颠倒。

【范例6-10】reverse()函数的使用。

```
<script type = "text/javascript">
function ReverseDemo()
{
    var a,l;
    a = new Array(0,1,2,3,4);
    l = a.reverse();
    return(alert(l));
  }
</script>
<form>
    <input type = "button" value = "顺序颠倒" onclick = "ReverseDemo();">
 </form>
```

在 Chrome 浏览器中的运行结果如图 6-13 所示。

图 6-13　运行结果

（3）sort()：将数组元素重新排序。

【范例6-11】sort()函数的使用。

```
<script type = "text/javascript">
function SortDemo()
{
    var a,l;
    a = new Array("X","y","d","Z","v","m","r");
    l = a.sort();
    return(alert(l));
}
</script>
<form>
    <input type = "button" value = "重新排序" onclick = "SortDemo();">
</form>
```

在 Chrome 浏览器中的运行结果如图 6-14 所示。

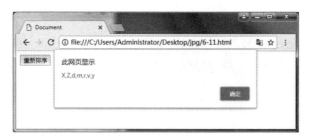

图 6-14　运行结果

三、日期函数

JavaScript 日期函数包括以下 20 种。

（1）getYear()：返回日期的"年"部分。返回值以 1900 年为基数，例如，1999 年为 99。

（2）getMonth()：返回日期的"月"部分，值为 0～11，其中 0 表示 1 月，1 表示 2 月，以此类推。

【范例 6-12】getMonth()函数的使用。

```
<script type = "text/javascript">
function TimeDemo()
{
    var d,s = "The current local time is:";
    var c = ":";
    d = new Date();
    s+ = d.getMinutes()+c;
    s+ = d.getSeconds()+c;
    s+ = d.getMilliseconds();
    return(alert(s));
}
</script>
<form>
    <input type = "button" value = "输出当前的分、秒、毫秒？" onclick = "TimeDemo
();">
</form>
```

在 Chrome 浏览器中的运行结果如图 6-15 所示。

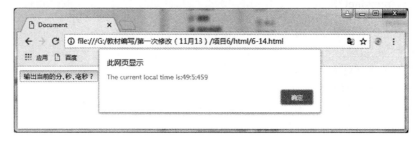

图 6-15　运行结果

（3）getDate()：返回日期的"日"部分，值为1~31。

【范例6-13】getDate()函数的使用。

```
<script type = "text/javascript">
function DateDemo()
{
    var d,s = "Today's date is:";
    d = new Date();
    s += (d.getMonth()+1)+"/";
    s += d.getDate()+"/";
    s += d.getYear();
    return(alert(s));
}

</script>
<form>
    <input type = "button" value = "输出今天的日期" onclick = "DateDemo();">
</form>
```

在 Chrome 浏览器中的运行结果如图 6-16 所示。

图 6-16　运行结果

（4）getDay()：返回星期几，值为 0~6，已在项目五中介绍过。

（5）getHours()：返回日期的"（小）时"部分，值为 0~23。

（6）getMinutes()：返回日期的"分（钟）"部分，值为 0~59。

（7）getSeconds()：返回日期的"秒"部分，值为 0~59。

（8）getTime()：返回系统时间，已在项目五中介绍过。

（9）getTimezoneOffset()：返回此地区的时差（当地时间与 GMT 标准时间地区的时差），单位为分（钟）。

【范例6-14】getTimezoneOffset()函数的使用。

```
<script type = "text/javascript">
function TZDemo()
{
    var  d,tz,s = "The current local time is";
    d = new Date();
    tz  = d.getTimezoneOffset();
```

```
        if(tz<0)
           s+ = tz/60+"hours before GMT";
        else if (tz == 0)
           s+ = "GMT";
        else
           s+ = tz/60+"hours after GMT";
        return (alert(s));
    }
 </script>
 <form>
    <input type = "button" value = "返回系统时间" onclick = "TZDemo()">
 </form>
```

在 Chrome 浏览器中的运行结果如图 6-17 所示。

图 6-17 运行结果

（10）parse()：返回从 1970 年 01 月 01 日 00 时 00 分 00 秒整算起的毫秒数。

（11）setDate()：设定日期的"日"部分，值为 0~31。

（12）setHours()：设定日期的"（小）时"部分，值为 0~23。

（13）setMinutes()：设定日期的"分（钟）"部分，值为 0~59。

（14）setMonth()：设定日期的"月"部分，值为 0~11。其中，0 表示 1 月，11 表示 12 月。

（15）setSeconds()：设定日期的"秒"部分，值为 0~59。

（16）setTime()：设定时间。时间数值为 1970 年 01 月 01 日 00 时 00 分 00 秒整算起的毫秒数。

（17）setYear()：设定日期的"年"部分。

（18）toGMTString()：转换日期成为字符串，为 GMT 标准时间。

（19）setLocaleString()：转换日期成为字符串，为当地时间。

（20）UTC()：返回从 1970 年 01 月 01 日 00 时 00 分 00 秒算起的毫秒数，以 GMT 标准时间计算。

四、数学函数

JavaScript 数学函数其实就是 Math 对象的方法，Math 对象拥有属性和方法两部分。其中，属性主要有（这些属性在项目五中介绍过）：

Math.e、Math.LN2、Math.LN10、Math. LOG2E、Math.LOG10E、Math.PI、Math.SQRT1_2、Math.SQRT2。

Math 对象的方法（数学函数）主要有：

（1）abs()：返回一个数字的绝对值。

（2）acos()：返回一个数字的反余弦值，结果为 $0\sim\pi$ 弧度。

（3）asin()：返回一个数字的反正弦值，结果为 $-\pi/2\sim\pi/2$ 弧度。

（4）atan()：返回一个数字的反正切值，结果为 $-\pi/2\sim\pi/2$ 弧度。

（5）atan2()：返回一个坐标的极坐标角度值。

（6）ceil()：返回一个数字的最小整数值（大于或等于）。

（7）cos()：返回一个数字的余弦值，结果为 $-1\sim1$。

（8）exp()：返回 e（自然对数）的乘方值。

（9）floor()：返回一个数字的最大整数值（小于或等于）。

（10）log()：自然对数函数，返回一个数字的自然对数（e）值。

（11）max()：返回两个数的最大值。

（12）min()：返回两个数的最小值。

（13）pow()：返回一个数字的乘方值。

（14）random()：返回一个 $0\sim1$ 的随机数值。

（15）round()：返回一个数字的四舍五入值，类型是整数。

（16）sin()：返回一个数字的正弦值，结果为 $-1\sim1$。

（17）sqrt()：返回一个数字的平方根值。

（18）tan()：返回一个数字的正切值。

【范例 6-15】常用数学函数的应用。

```
<script type = "text/javascript">
document.write("欧拉常数 e 的值为(e 属性)： "+Math.E+"<br>");
document.write("2 的自然对数为(LN2 属性)： "+Math.LN2+"<br>");//2 的几次方等于 e
document.write("10 的自然对数为(LN10 属性)： "+Math.LN10+"<br>");//10 的几次
方等于 e
document.write("7 的自然对数(log()方法)： "+Math.log(7)+"<br>");//7 的几次方
等于 e
document.write("0 的自然对数(log()方法)： "+Math.log(0)+"<br>");
document.write("-1 的自然对数(log()方法)： "+Math.log(-1)+"<br>");
document.write("2 的自然对数(log()方法)： "+Math.log(2)+"<br>");//2 的几次方
等于 e
document.write("以 2 为基数的 e 的对数的值： "+Math.LOG2E+"<br>");//E 的几次方
等于 2
document.write("以 10 为基数的 e 的对数的值： "+Math.LOG10E+"<br>");//E 的几次
方等于 10
</script>
```

在 Chrome 浏览器中的运行结果如图 6-18 所示。

图 6-18　运行结果

【范例6-16】常用数学函数的应用。

```
<script type = "text/javascript">
document.write(Math.SQRT2);//2 的平方根
document.write("10 的平方根:"+Math.sqrt(10));
document.write("-2.7 的绝对值:"+Math.abs(-2.7));
document.write("<br>");
document.write("<br>");
document.write("1 的正弦值:"+Math.sin(1)+"<br>");
document.write("1 的反正弦值的正弦值:"+Math.sin(Math.asin(1))+"<br>");
document.write("-1 的余弦值:"+Math.cos(-1)+"<br>");
document.write("1 的反余弦值的余弦值:"+Math.cos(Math.acos(1))+"<br>");
document.write("<br>");
document.write("<br>");
document.write("-1 的正切值:"+Math.tan(-1)+"<br>");
document.write("1 的反正切值的正切值:"+Math.tan(Math.atan(1))+"<br>");
document.write("<br>");
document.write("<br>");
document.write("3.5 和 3.4 中的最大数:"+Math.max(3.5,3.4)+"<br>");
document.write("3.5 和 3.4 中的最小数:"+Math.min(3.5,3.4));
document.write("<br>");
document.write("<br>");
document.write("对 7.5 进行四舍五入:"+Math.round(7.5)+"<br>");
document.write("<br>");
document.write("对-7.8 进行上舍入:"+Math.ceil(-7.8)+"<br>");
document.write("<br>");
document.write("<br>");
document.write("对 7.7 进行下舍入:"+Math.floor(7.7)+"<br>");
</script>
```

在 Chrome 浏览器中的运行结果如图 6-19 所示。

图 6-19　运行结果

五、字符串函数

JavaScript 字符串函数用于完成字符串转换、子字符串的查询、字符串大小写转换、字符串切割和提取、字符串连接等操作。

1. 字符串转换函数 toString()

字符串转换是最基础的操作，可以将任何类型的数据转换为字符串类型，例如：

```
var num = 65;
var myStr = num.toString(); //将数字 65 变成字符串"65"
```

或者

```
var num = 65;
var myStr = toString(num);
```

> **注　意**
>
> 字符串对象（String）有一个常用的属性 length，表示字符串中的字符的个数，在对字符串的操作中，length 属性经常使用。

【范例6-17】获取字符串长度属性 length 的使用。

```
<script language = "javascript">
var myStr = "I Love you, Do you Love me?";
var myStrLength = myStr.length;
alert("myStr 字符串的长度为: "+myStrLength);
</script>
```

在 Chrome 浏览器中的运行结果如图 6-20 所示。

图 6-20　获取字符串长度函数运行结果

2. 查询子字符串函数 indexOf()

indexOf()函数从字符串的开头开始查询。查询到结果时，返回对应下标；找不到时，返回-1。

【范例 6-18】查询子字符串函数 indexOf()的使用。

```
<script type = "text/javascript">
var myStr = "I Love You,Do you Love me?";
var index = myStr.indexOf("you");
alert(index);
</script>
```

在 Chrome 浏览器中的运行结果如图 6-21 所示。

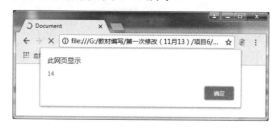

图 6-21　查询子字符串函数运行结果

3. 字符串大小写转换

toLowerCase()函数用于将字符串转换为小写，toUpperCase()函数用于将字符串转换为大写。

【范例 6-19】字符串大小写转换。

```
<script type = "text/javascript">
var myStr = "I Love You,Do you Love me?";
document.write("转换前的字符是："+myStr);
var lowCaseStr = myStr.toLowerCase("you");
document.write("<br>");
document.write("转换成小写后的字符是："+lowCaseStr);
document.write("<br>");
var upCaseStr = myStr.toUpperCase("you");
document.write("转换成大写后的字符是："+upCaseStr);
</script>
```

在 Chrome 浏览器中的运行结果如图 6-22 所示。

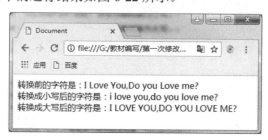

图 6-22　运行结果

4. 字符串切割和提取

（1）substring()函数

使用格式：字符串对象.substring(开始位置,结束位置)。

功能：可以获得从开始位置到结束位置的一个子字符串。

（2）substr()函数

使用格式：字符串对象.substr(开始位置[,长度])。

功能：可以获得从开始位置开始的一个指定长度的子字符串。若不指定长度，则获得从开始位置到结束的一个子字符串。

（3）slice()函数

使用格式：字符串对象.slice(开始位置[,结束位置])。

功能：可以获得从开始位置到位置的一个子字符串，若不指定长度，则获得从开始位置到字符串末尾的一个子字符串。

【范例6-20】字符串切割和提取。

```
<script type = "text/javascript">
var myStr = "I Love You,Do you Love me?";
document.write("原字符串是："+myStr);
document.write("<br>");
var subStr = myStr.slice(1,5);
document.write("slice 提取后的字符是"+subStr);
document.write("<br>");
var subStr = myStr.substring(1,5);
document.write("substring 提取后的字符是"+subStr);
document.write("<br>");
var subStr = myStr.substr(1,5);
document.write("substr 提取后的字符是"+subStr);
</script>
```

在 Chrome 浏览器中的运行结果如图 6-23 所示。

5. 字符串连接函数 concat()

【范例6-21】字符串连接函数 concat()的使用。

```
<script type = "text/javascript">
var myStr1 = "I Love You!";
var myStr2 = "Do you Love me?";
document.write("连接之前的字符串是："+myStr1+"<br>"+"连接之前的另一个字符串
 是："+myStr2);
var myStr = myStr1+myStr2;
document.write("<br>");
document.write("加法运算符连接后的字符串："+myStr);
document.write("<br>");
var str = myStr1.concat(myStr2);
document.write("concate 函数连接后的字符串："+myStr);
</script>
```

在 Chrome 浏览器中的运行结果如图 6-24 所示。

图 6-23　运行结果

图 6-24　运行结果

任务三　项目实施

一、任务目标

（1）掌握运算符号的应用。

（2）掌握函数的定义及调用。

二、任务内容

制作一个简易计算器，能进行加、减、乘、除四则运算。

三、操作步骤

（1）运行 Dreamweaver 软件，新建 HTML 标准网页文件。

（2）在网页文件中编写代码如下：

```javascript
<script type = "text/javascript">
function count(sign){
  var result = 0;
  var num1 = parseFloat(document.myform.txtNum1.value);
  var num2 = parseFloat(document.myform.txtNum2.value);
  switch(sign){
    case "+":
    result = num1+num2;
    break;
    case "-":
    result = num1-num2;
    break;
    case "*":
    result = num1*num2;
    break;
    case "/":
    result = num1/num2;
    break;
```

```
        }
        document.myform.txtresult.value = result;
    }
    </script>
    </head>
    <body>
    <form action = "" method = "post"  name = "myform">
    <table border = "0" >
      <tr>
        <td></td>
        <td colspan = "3"><H3>简易计算器</H3></td>
      </tr>
      <tr>
        <td>第一个数</td>
        <td colspan = "3"><INPUT name = "txtNum1" type = "text"  id = "txtNum1"
size = "25"></td>
      </tr>
      <tr>
        <td>第二个数</td>
        <td colspan = "3"><INPUT name = "txtNum2" type = "text"  id = "txtNum2"
size = "25"></td>
      </tr>
      <tr>
        <td><INPUT name = "addButton2" type = "button" id = "addButton2" value ="
+ " onclick = "count('+')"></td>
        <td><INPUT name = "subButton2" type = "button" id = "subButton2" value ="
— " onclick = "count('-')"></td>
        <td><INPUT name = "mulButton2" type = "button" id = "mulButton2" value ="
× " onclick = "count('*')"></td>
        <td><INPUT name = "divButton2" type = "button" id = "divButton2" value ="
÷ " onclick = "count('/')"></td>
      </tr>
      <tr>
        <td>计算结果</td>
        <td colspan = "3"><INPUT name = "txtresult" type = "text"  id =
"txtresult" size = "25"></td>
      </tr>
    </table>
    </form>
    </body>
```

（3）设计四则运行函数。

（4）在 Chrome 浏览器中的运行结果如图 6-25 所示。

图 6-25　简易计算器

四、拓展内容

在网页中，增加一个"退格"按钮。实现输入数值后，可以通过"退格"按钮删除刚刚输入的数值。

制作网页两侧广告

本项目主要内容

➤ DOM 节点类型

➤ DOM 控制页面元素

➤ DOM 事件处理

➤ 制作网页两侧广告

很多网页会在左右两侧显示广告条幅，这是一种很常见的广告效果。大多是在网页的两侧显示图片并设置广告链接，在上下拖动网页滚动条时，广告条幅能跟着滚动。当单击条幅上的"关闭"按钮时能关闭广告条幅。网页两侧广告效果的实现，涉及 CSS 的定位、网页元素的占位和 DOM 事件的处理。

DOM（Document Object Model）即文档对象模型。DOM 是针对 HTML 的基于树的 API（应用程序接口），它把整个页面映射为一个多层的节点结构，HTML 页面中的每个组成部分都是某种类型的节点，这些节点又包含不同类型的数据。DOM 把一个文档表示为一棵树（包括父节点、子节点、兄弟节点），DOM 树表达了节点（node）的层次。

任务一 DOM 节点类型

DOM 提供了处理 HTML 文档的 API，实现对元素节点、属性节点和文本节点的动态的增、删、改、查。在 HTML DOM 中，每个部分都是节点：文档本身是文档节点，所有 HTML 元素是元素节点，所有 HTML 属性是属性节点，HTML 元素内的文本是文本节点，注释是注释节点。

在 DOM 对象模型接口中，有 Node 接口、Document 接口、Element 接口、Attr 接口、Text 接口和 Event 接口等。本任务将分别介绍这六个接口。

一、Node 接口

Node 接口在整个 DOM 树中具有举足轻重的地位，DOM 对象模型接口中有很大一部分接口是从 Node 接口继承的，例如，Document、Element、Attribute、Text、Comment 等。Node 接口提供了访问 DOM 树中元素内容与信息的途径，并给出了对 DOM 树中的元素进行遍历的支持。一个典型的 Node 接口如图 7-1 所示。

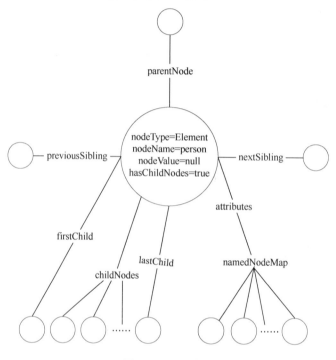

图 7-1　Node 接口

Node 接口对象并不代表某个具体的节点，该接口定义了文档中所有节点的通性，节点对应的属性和方法均在 Node 接口中定义，具体如表 7-1 所示。

表 7-1　Node 接口的属性和方法

属性/方法	类型/返回类型	说　　明
nodeName	String	节点的名字，根据节点的类型定义
nodeValue	String	节点的值，根据节点的类型定义
nodeType	Number	节点的类型常量值之一
ownerDocument	Document	指向这个节点所属的文档
firstChild	Node	指向 childNodes 列表中的第一个节点
lastChild	Node	指向 childNodes 列表中的最后一个节点
childNodes	NodeList	所有子节点的列表
parentNode	Node	返回一个给定节点的父节点
previousSibling	Node	指向前一个兄弟节点，如果这个节点就是第一个兄弟节点，那么该值为 null

（续表）

属性/方法	类型/返回类型	说　明
nextSibling	Node	指向后一个兄弟节点，如果这个节点就是最后一个兄弟节点，那么该值为 null
hasChildNodes()	Boolean	当 childNodes 包含一个或多个节点时，返回 true
attributes	NamedNodeMap	包含了代表一个元素的特性的 Attr 对象，仅用于 Element 节点
appendChild(node)	Node	将 node 添加到 childNodes 的末尾
removeChild(node)	Node	从 childNodes 中删除 node
replaceChild(newnode, oldnode)	Node	将 childNodes 中的 oldnode 替换成 newnode
insertBefore(newnode, refnode)	Node	在 childNodes 中的 refnode 之前插入 newnode

二、Document 接口

Document 接口代表了整个 XML/HTML 文档，因此，它是整棵文档树的根，是对文档中的数据进行访问和操作的入口。由于元素、文本节点、注释、处理指令等都不能脱离文档的上下文关系而独立存在，因此 Document 节点提供了创建其他节点对象的方法，通过该方法创建的节点对象都有一个 ownerDocument 属性，用来表明当前节点是由哪个父节点所创建的，以及节点与 Document 之间的联系。

在 DOM 树中，Document 节点与其他节点之间的关系如图 7-2 所示。

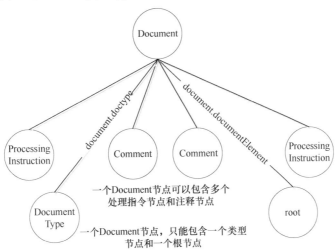

图 7-2　Document 接口与其他接口之间的关系

由图 7-2 可以看出，Document 节点是 DOM 树中的根节点，也是对 XML/HTML 文档进行操作的入口节点。通过 Document 节点，可以访问到文档中的其他节点，如处理指令、注释、文档类型，以及 XML/HTML 文档的根元素节点等。另外，从图 7-2 我们还可以看出，在一棵 DOM 树中，Document 节点可以包含多个处理指令、多个注释作为其子节点，而文档类型节点和 XML/HTMLL 文档根元素节点都是唯一的。

操作 HTML 文档的第一步就是获取对文档元素的引用，每个元素在 DOM 中就是一个

节点，所有的元素在 DOM 中构成一个节点树。用于获取元素节点定义的方法定义于
Document 接口，window.document 方法用于实现该接口，其常用属性和方法如表 7-2 所示。

表 7-2　Document 接口的常用属性和方法

属性/方法	类型/返回类型	说　明
[getter]	任何类型	根据元素的 name 属性获取所有元素节点
all	HTMLAllCollection	文档中所有元素组成的集合，已不推荐使用
body	HTMLElement	获取<body>元素节点
head	HTMLHeadElement	获取<head>元素节点
images	HTMLCollection	获取所有<img>元素节点
embeds	HTMLCollection	获取所有<embed>元素节点
plugins	HTMLCollection	等同于 embeds 属性
links	HTMLCollection	获取所有带 href 属性的<a>和<area>元素节点
forms	HTMLCollection	获取所有<form>元素节点
scripts	HTMLCollection	获取所有<script>元素节点
documentElement	Element	获取 XML 或者 HTML 的根元素，在 HTML 中即<html>
getElementById()	Element	根据 ID 属性值获取指定元素
getElementsByName()	NodeList	根据元素的 name 属性获取所有元素节点
getElementsByClassName()	NodeList	根据元素的 class 属性获取所有元素节点

HTMLCollection 是一个接口，表示 HTML 元素的集合，用法类似于数组。

三、Element 接口

Element 接口表示 XML/HTML 元素节点，提供了对元素标签名、子节点及特性的访问。
Element 接口扩展自 Node 接口，继承了 Node 接口的属性和方法，也有一套针对元素的属
性和方法。Element 接口定义的方法也主要针对属性操作，其常用属性和方法如表 7-3 所示。

表 7-3　Element 接口的常用属性和方法

属性/方法	类型/返回类型	说　明
children	NodeList	子元素列表
childElementCount	String	子元素数量
firstElementChild	Node	第一个子元素
lastElementChild	Node	最后一个子元素
classList	DOMTokeList	返回元素的 class 属性作为 DOMTokenList 对象
className	String	类名（字符串）
id	String	元素 id
attributes	NamedNodeMap	获取节点的集合
innerHTML	String	元素内部的 HTML 标签
outerHTML	String	包含元素在内的 HTML 标签
clientWidth	String	内容区+padding 的宽度

（续表）

属性/方法	类型/返回类型	说　明
clientHeight	String	内容区+padding 的高度
scrollHeight	String	元素中可以滚动的高度
scrollWidth	String	元素中可以滚动的宽度
scrollTop	String	元素中的内容已经向上滚了多少
scrollLeft	String	元素中的内容已经向左滚了多少
getAttribute(属性名)	Void	获取属性的值
setAttribute(属性名,属性值)	Void	获取属性的值
getAttributeNames()	Array	列出所有属性
hasAttribute(属性名)	Boolean	是否拥有属性
hasAttributes()	Boolean	是否拥有至少一条属性
removeAttribute(属性名)	Void	删除一条属性
addEventListener(事件名称,回调函数)	Void	监听一个事件
getElementById(id)	Element	在当前元素下通过 id 获取元素
getElementsByClassName(class)	NodeList	在当前元素下通过 class 获取元素
getElementsByTagName(标签名)	NodeList	在当前元素下通过元素名称获取元素
querySelector(选择器)	Node	在当前元素下通过 CSS 选择器来获取一个元素
querySelectorAll(选择器)	NodeList	在当前元素下通过 CSS 选择器来获取多个元素

元素节点的 3 个 node 属性中，nodeType 为 1，nodeName 为标签名称，nodeValue 为 undefined 或 null。

四、Attr 接口

Attr 接口表示属性节点。属性节点的 3 个 node 属性中，nodeType 为 2，nodeName 为属性名称，nodeValue 为属性值。

属性节点有一个 specified 属性，specified 是一个布尔值，用于区别特性是在代码中指定的还是默认的。这个属性的值若为 true，则意味着在 HTML 中指定了相应特性，或者是通过 setAttribute()方法设置了该属性。在 IE 浏览器中，所有未设置过的特性的该属性值都为 false，而在其他浏览器中，所有设置过的特性的该属性值都是 true，未设置过的特性，若强行为其设置 specified 属性，则会报错。

元素节点有一个 attributes 属性，它返回一个 NamedNodeMap，包含当前元素所有的属性及属性值，与 NodeList 类似，也是一个动态的集合。元素的每个属性都由一个 Attr 节点表示，每个节点都保存在 NamedNodeMap 对象中，每个节点的 nodeName 就是属性的名称，nodeValue 就是属性的值。

可以用 document.createAttribute(attr)创建新的属性节点，用元素节点的 hasAttribute()、getAttribute()、setAttribute()、removeAttribute()四个方法操作属性。

五、Text 接口

Text 接口表示文档中的文本节点，比如<p>我是段落</p>，"我是段落"并不是直接存在 p 节点里，而是作为 p 节点内部的 Text 子节点的 nodeValue 存在。该接口的继承关系是 Node→CharacterData→Text。

文本节点的 3 个 node 属性中，nodeType 为 3，nodeName 为'#text'，nodeValue 为节点所包含的文本，其父节点 parentNode 指向包含该文本节点的元素节点，文本节点没有子节点。

文本节点的操作与字符串的操作方法相当类似。一般地，我们获取文本都用 innerHTML，然后再用字符串的操作方法去操作。

与文本节点相关的方法如下。

1. document.createTextNode(text)

该方法用于创建文本节点，这个方法接收一个参数：要插入节点中的文本；插入的是文本，即使文本内容写的是标签，也被当成文本来插入。

2. splitText(index)

该方法将一个文本节点分成两个文本节点，即按照 index 指定的位置分割 nodeValue 值。原来的文本节点将包含从开始到指定位置之前的内容。这个方法会返回一个新文本节点，包含剩下的文本。

3. appendData(text)

该方法将 text 添加到节点的末尾，无返回值。

4. deleteData(index,count)

该方法从 index 指定的位置开始，删除 count 个字符，无返回值。

5. insertData(index,text)

该方法在 index 指定的位置插入 text，无返回值。

6. replaceData(index,count,text)

该方法用 text 替换从 index 指定的位置开始到 index+count 为止的文本，无返回值。

7. substringData(index,count)

该方法提取从 index 指定的位置开始到 offset+count 为止的字符串，并返回该字符串，原来的文本节点无变化。

六、Event 接口

Event 接口表示在 DOM 中发生的任何事件；一些是由用户生成的（如鼠标或键盘事件），而其他是由 API 生成的（如指示动画已经完成运行的事件，视频已被暂停的事件等）。事件的类型有很多，其中一些使用基于主要事件接口的其他接口。事件本身包含所有事件通用的属性和方法。

有 3 种方式可以为 DOM 元素注册事件处理函数。

1. EventTarget.addEventListener

```
    myButton.addEventListener('click', function(){ alert('Hello world');},
false);
```

可以在 Web 页面中使用该方法。但 IE 6、7、8 浏览器并不支持这个方法，而是提供了类似 element.attachEvent 的 API。如果要进行跨浏览器的使用，那么可考虑使用有效的 JavaScript 库。

2. HTML 属性

```
    <button onclick = "alert('Hello world!')">
```

在属性中的 JavaScript 代码，是通过 event 参数传入 Event 对象的。在 HTML 中，其返回值会以一种特殊的方式被处理。应该避免使用这种方式。因为它会使标签数量变大，而可读性较差。内容、结构和行为之间没有很好地分离，使得在处理 bug 时非常困难。

3. DOM 元素属性

```
    myButton.onclick = function(event){alert('Hello world');};
```

该函数在定义时，可以传入一个 event 形式的参数。在 HTML 中，其返回值会以一种特殊的方式被处理。

这种方法的问题在于每个元素和事件只能设置一个处理函数。事件处理函数可以附加在各种对象上，包括 DOM 元素、window 对象等。当事件发生时，event 对象就会被创建，并依次传递给事件监听器。

在处理函数中，将 event 对象作为第一个参数，可以访问 DOM Event 接口。下面这个简单的实例说明了 event 对象是如何传入事件处理函数的，以及在函数中是如何使用的。

```
function foo(evt){
    alert(evt);
}
table_el.onclick = foo;
```

任务二　DOM 控制页面元素

上一个任务主要介绍了 DOM 中的各种类型的元素，以及其具有的属性和方法。DOM 提供的属性和方法能实现对元素节点、属性节点和文本节点等的增、删、改、查。本任务重点介绍 DOM 是如何控制页面元素的。

一、节点操作

本节从元素节点、子节点、属性节点和文本节点入手，分别介绍各类节点的操作及代码实现。

1. 获取元素节点

（1）document.getElementById("id")

根据节点的 id 属性获取对应的单个节点，若不存在这样的元素，则它返回 null。该方法只能用于 document 对象。

（2）document.getElementsByTagName("tagName")

根据节点的标签名获取指定节点名字的数组，数组对象的 length 属性可以获取数组的长度，该方法为 Node 接口的方法，即任何一个节点都有这个方法，任何一个节点都可以使用该方法获取其子节点。

（3）document.getElementsByName("name")

根据节点的 name 属性，获取符合条件的节点数组。

【范例 7-1】创建页面 7-1.html，向页面中添加列表和复选框组，分别通过 id 属性、name 属性和标签名来获取元素节点，对比理解 3 种获取元素节点函数的用法。

创建网页 7-1.html，引入脚本文件 js/js7-1.js，网页的主要代码如下：

```html
<head>
<meta http-equiv = "Content-Type" content = "text/html; charset = utf-8"/>
<title>获取元素节点</title>
<script src = "js/js7-1.js" type = "text/javascript"></script>
</head>
<body>
<p>你喜欢哪个牌子的手机?</p>
<ul id = "phone">
    <li id = "huawei">华为</li>
    <li>苹果</li>
    <li>vivio</li>
    <li>小米</li>
</ul>
<form id = "form1" name = "form1" method = "post" action = "" >
你的爱好:<br/>
    <input type = "checkbox" name = "cbHobby" value = "youxi" id = "cbHobby_0"
/>游戏
    <input type = "checkbox" name = "cbHobby" value = "zuqiu" id = "cbHobby_1"
/>足球
    <input type = "checkbox" name = "cbHobby" value = "youyong" id = "cbHobby_2"
/>游泳
    <input type = "checkbox" name = "cbHobby" value = "lanqiu" id = "cbHobby_3"
/>篮球
    <input type = "checkbox" name = "cbHobby" value = "lvyou" id = "cbHobby_4"
/>旅游
</form>
</body>
```

在脚本文件 js/js7-1.js 中添加如下代码：

```
window.onload = function()
{
    //获取 id 为 phone 的节点
    var ulPhone = document.getElementById("phone");
    //获取 ulPhone 节点下的所有 li 节点的集合
    var lis = ulPhone.getElementsByTagName("li");
    //获取 name 属性为 cbHobby 的所有节点的集合
    var cbs = document.getElementsByName("cbHobby");
    alert("id 为 phone 的节点:" + ulPhone + "\nli 节点的个数: " + lis.length
+ "\nname = cbHobby 的复选框个数:" + cbs.length);
}
```

在 Chrome 浏览器中的运行结果如图 7-3 所示。

图 7-3　获取元素节点效果图

【程序分析】

代码 document.getElementById("phone") 得到的是一个节点对象，输出的是 HTMLULListElement 的对象类型；代码 ulPhone.getElementsByTagName("li") 得到的是 ulPhone 节点下的所有 li 子节点的集合，本例输出该集合的元素个数；代码 document.getElementsByName("cbHobby") 得到的是所有 name 属性为 cbHobby 的节点的集合，本例同样输出该集合的元素个数。

2. 创建元素节点

创建元素节点的代码如下：

```
var newNode = document.createElement(element);
```

createElement(element) 的功能是按照给定的标签名创建一个新的元素节点。该方法只有一个参数，即被创建的元素节点的名字，是一个字符串。该方法的返回值是一个指向新建节点的引用指针，返回一个元素节点。

新创建的元素节点不会自动添加到文档里，它只是一个存在于 JavaScript 上下文的对象，所以还需要父节点调用 appendChild() 或 insertBefore() 方法来添加子节点。

【范例 7-2】创建页面 7-2.html，网页内容与范例 7-1 中的页面一样。通过 JavaScript 脚本创建元素节点，向列表中添加一项名为"三星"的手机品牌。

创建网页 7-2.html，引入脚本文件 js/js7-2.js，网页的主要代码如下：

```
<head>
<meta http-equiv = "Content-Type" content = "text/html; charset = utf-8"/>
<title>创建元素节点</title>
```

```
<script src = "js/js7-2.js" type = "text/javascript"></script>
</head>
<body>
<p>你喜欢哪个牌子的手机?</p>
<ul id = "phone">
<li id = "huawei">华为</li>
<li>苹果</li>
<li>vivio</li>
<li>小米</li>
</ul>
<form id = "form1" name = "form1" method = "post" action = "" >
你的爱好:<br/>
<input type = "checkbox" name = "cbHobby" value = "youxi" id = "cbHobby_0"
/>游戏
<input type = "checkbox" name = "cbHobby" value = "zuqiu" id = "cbHobby_1"
/>足球
<input type = "checkbox" name = "cbHobby" value = "youyong" id = "cbHobby_2"
/>游泳
<input type = "checkbox" name = "cbHobby" value = "lanqiu" id = "cbHobby_3"
/>篮球
<input type = "checkbox" name = "cbHobby" value = "lvyou" id = "cbHobby_4"
/>旅游
</form>
</body>
```

在脚本文件 js/js7-2.js 中添加如下代码:

```
window.onload = function()
{
  //创建一个 li 节点
  var myLi = document.createElement("li");
  myLi.innerText = "三星";

  //获取 id 为 phone 的节点
  var ulPhone = document.getElementById("phone");
  ulPhone.appendChild(myLi);
}
```

在 Chrome 浏览器中的运行结果如图 7-4 所示。

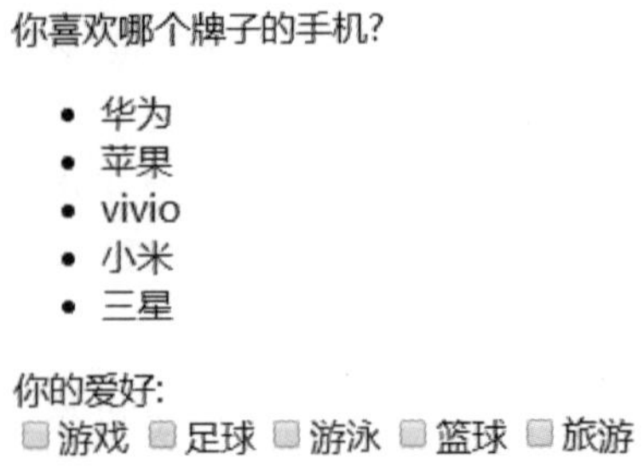

你喜欢哪个牌子的手机?

- 华为
- 苹果
- vivio
- 小米
- 三星

你的爱好:
☐ 游戏 ☐ 足球 ☐ 游泳 ☐ 篮球 ☐ 旅游

图 7-4　创建元素节点

【程序分析】

代码 document.createElement("li")创建的是一个 li 元素节点对象,代码 myLi.innerText="三星"则设置该节点对象所对应的标签内的文本;代码 ulPhone.appendChild(myLi)则将创建的节点添加为 ulPhone 的子节点。

3. 替换节点

替换节点的代码如下:

```
var newNode = element.replaceChild(newChild,oldChild);
```

replaceChild(newChild,oldChild)的功能是把一个给定父元素中的一个子节点替换为另外一个子节点。该方法的返回值是一个指向已被替换的那个子节点的引用指针。

【范例7-3】创建页面 7-3.html,网页内容与范例 7-1 中的页面一样。通过 JavaScript 脚本替换元素节点,将列表中的"华为"一项替换成"三星"。

创建网页 7-3.html,引入脚本文件 js/js7-3.js,网页的主要代码如下:

```
<head>
<meta http-equiv = "Content-Type" content = "text/html; charset = utf-8"/>
<title>替换节点</title>
<script src = "js/js7-3.js" type = "text/javascript"></script>
</head>
<body>
<p>你喜欢哪个牌子的手机?</p>
<ul id = "phone">
<li id = "huawei">华为</li>
<li>苹果</li>
<li>vivio</li>
<li>小米</li>
</ul>
<form id = "form1" name = "form1" method = "post" action = "">
你的爱好:<br/>
<input type = "checkbox" name = "cbHobby" value = "youxi" id = "cbHobby_0"
/>游戏
<input type = "checkbox" name = "cbHobby" value = "zuqiu" id = "cbHobby_1"
/>足球
<input type = "checkbox" name = "cbHobby" value = "youyong" id = "cbHobby_2"
/>游泳
<input type = "checkbox" name = "cbHobby" value = "lanqiu" id = "cbHobby_3"
/>篮球
<input type = "checkbox" name = "cbHobby" value = "lvyou" id = "cbHobby_4"
/>旅游
</form>
</body>
```

在脚本文件 js/js7-3.js 中添加如下代码:

```
window.onload = function()
{
```

```
//获取 id 为 phone 的节点
var ulPhone = document.getElementById("phone");

//获取 id 为 huawei 的节点,它是 ulPhone 的子节点
var liHW = document.getElementById("huawei");

//创建一个 li 节点
var myLi = document.createElement("li");
myLi.innerText = "三星";

//替换节点
ulPhone.replaceChild(myLi, liHW);
}
```

在 Chrome 浏览器中的运行结果如图 7-5 所示。

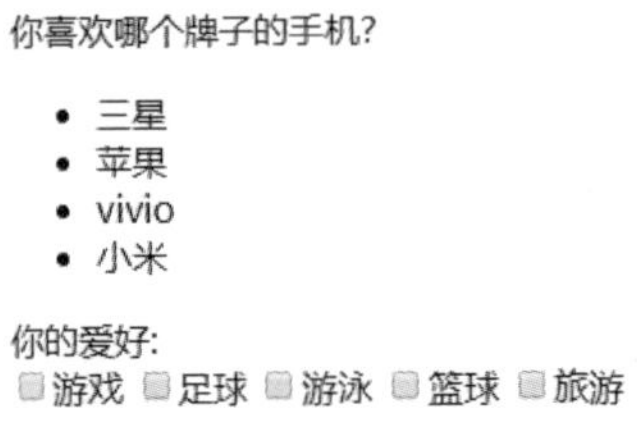

你喜欢哪个牌子的手机?

- 三星
- 苹果
- vivio
- 小米

你的爱好:
☐ 游戏 ☐ 足球 ☐ 游泳 ☐ 篮球 ☐ 旅游

图 7-5　替换节点

【程序分析】

本例通过 id 获取了 ul 父节点和"华为"所在的 li 子节点,再创建一个文本为"三星"的 li 节点,调用 ulPhone.replaceChild(myLi, liHW)实现了两个 li 节点的替换。

4. 删除节点

删除节点的代码如下:

```
var delNode = element.removeChild(node);
```

方法 removeChild(node)的功能是从一个给定元素里删除一个子节点,返回值是一个指向已被删除的子节点的引用指针。当某个节点被 removeChild()方法删除时,这个节点所包含的所有子节点将同时被删除。如果想删除某个节点,但不知道它的父节点是哪一个,那么可以使用 parentNode 属性,例如:

```
var delNode = document.getElementById("huawei");
delNode.parentNode.removeChild(delNode);
```

【范例 7-4】创建页面 7-4.html,网页内容与范例 7-1 中的页面一样。通过 JavaScript 脚本删除元素节点,将列表中的"华为"一项删除。

创建网页 7-4.html,引入脚本文件 js/js7-4.js,网页的主要代码如下:

```
<head>
<meta http-equiv = "Content-Type" content = "text/html; charset = utf-8"/>
<title>删除节点</title>
```

130

```
<script src = "js/js7-4.js" type = "text/javascript"></script>
</head>
<body>
<p>你喜欢哪个牌子的手机?</p>
<ul id = "phone">
<li id = "huawei">华为</li>
<li>苹果</li>
<li>vivio</li>
<li>小米</li>
</ul>
<form id = "form1" name = "form1" method = "post" action = "">
你的爱好:<br/>
<input type = "checkbox" name = "cbHobby" value = "youxi" id = "cbHobby_0"
/>游戏
<input type = "checkbox" name = "cbHobby" value = "zuqiu" id = "cbHobby_1"
/>足球
<input type = "checkbox" name = "cbHobby" value = "youyong" id = "cbHobby_2"
/>游泳
<input type = "checkbox" name = "cbHobby" value = "lanqiu" id = "cbHobby_3"
/>篮球
<input type = "checkbox" name = "cbHobby" value = "lvyou" id = "cbHobby_4"
/>旅游
</form>
</body>
```

在脚本文件 js/js7-4.js 中添加如下代码:

```
window.onload = function()
{
  //获取 id 为 huawei 的节点,它是 ulPhone 的子节点
  var liHW = document.getElementById("huawei");

  //删除该节点
  liHW.parentNode.removeChild(liHW);
}
```

在 Chrome 浏览器中的运行结果如图 7-6 所示。

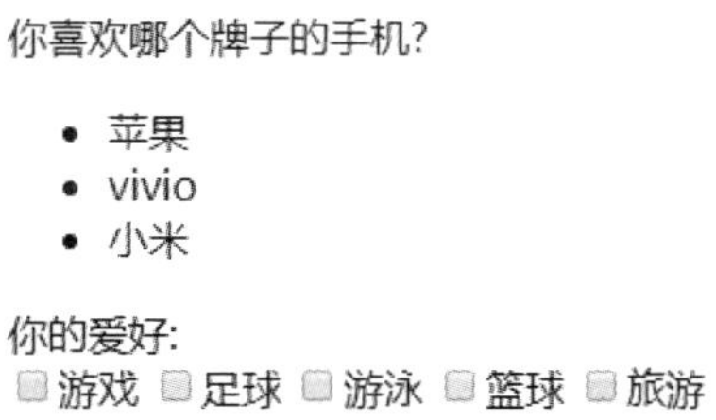

你喜欢哪个牌子的手机?

- 苹果
- vivio
- 小米

你的爱好:
☐ 游戏 ☐ 足球 ☐ 游泳 ☐ 篮球 ☐ 旅游

图 7-6　删除节点

【程序分析】

代码 liHW.parentNode 用于求某节点的父节点，再调用 removeChild()方法，既可以删除该节点本身，又可以删除该节点的兄弟节点。

5. 插入节点

插入节点的实现代码如下：

```
var insertNode = element.insertBefore(newNode,targetNode);
```

insertBefore(newNode,targetNode)的功能是把一个给定节点插入某父节点的给定子节点的前面。节点 newNode 将被插入元素节点 element 中，并出现在节点 targetNode 的前面，节点 targetNode 必须是 element 元素的一个子节点。在插入子节点的同时伴随着子节点的移动。

【范例 7-5】创建页面 7-5.html，网页内容与范例 7-1 中的页面一样。通过 JavaScript 脚本插入元素节点，将列表中的"华为"项前插入内容为"三星"的项。

创建网页 7-5.html，引入脚本文件 js/js7-5.js，网页的主要代码如下：

```html
<head>
<meta http-equiv = "Content-Type" content = "text/html; charset = utf-8"/>
<title>插入节点</title>
<script src = "js/js7-5.js" type = "text/javascript"></script>
</head>
<body>
<p>你喜欢哪个牌子的手机?</p>
<ul id = "phone">
<li id = "huawei">华为</li>
<li>苹果</li>
<li>vivio</li>
<li>小米</li>
</ul>
<form id = "form1" name = "form1" method = "post" action = "">
你的爱好:<br/>
<input type = "checkbox" name = "cbHobby" value = "youxi" id = "cbHobby_0"
/>游戏
<input type = "checkbox" name = "cbHobby" value = "zuqiu" id = "cbHobby_1"
/>足球
<input type = "checkbox" name = "cbHobby" value = "youyong" id = "cbHobby_2"
/>游泳
<input type = "checkbox" name = "cbHobby" value = "lanqiu" id = "cbHobby_3"
/>篮球
<input type = "checkbox" name = "cbHobby" value = "lvyou" id = "cbHobby_4"
/>旅游
</form>
</body>
```

在脚本文件 js/js7-5.js 中添加如下代码：

```
window.onload = function()
```

```
{
    //获取 id 为 phone 的节点
    var ulPhone = document.getElementById("phone");

    //获取 id 为 huawei 的节点,它是 ulPhone 的子节点
    var liHW = document.getElementById("huawei");

    //创建一个 li 节点
    var myLi = document.createElement("li");
    myLi.innerText = "三星";

    //在 liHW 之前插入新节点
    ulPhone.insertBefore(myLi, liHW);
}
```

在 Chrome 浏览器中的运行结果如图 7-7 所示。

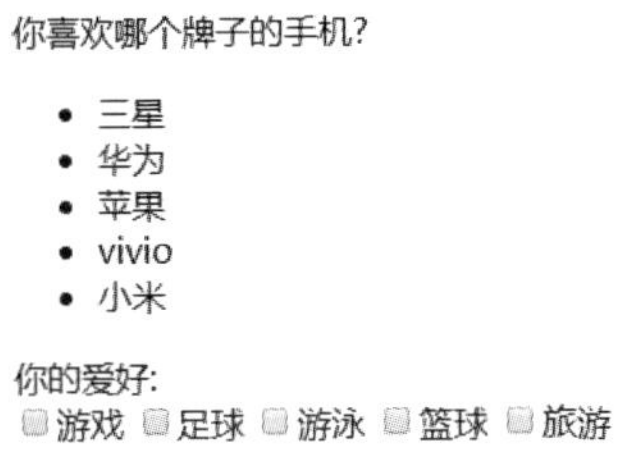

你喜欢哪个牌子的手机?

- 三星
- 华为
- 苹果
- vivio
- 小米

你的爱好:
☐游戏 ☐足球 ☐游泳 ☑篮球 ☐旅游

图 7-7　插入节点

【程序分析】

代码 ulPhone.insertBefore(myLi, liHW)实现了将 ulPhone 的子节点 liHW 替换成新节点 myLi。

6. 获取子节点

（1）element.childNodes 属性用于获取全部的子节点，但不实用，因为该属性返回的是元素节点和文本节点组成的集合。如果要获取某元素节点的指定子节点的集合，那么可以直接调用元素节点的 getElementsByTagName()方法。

（2）element.firstChild 属性用于获取第一个子节点。如果主节点与第一个节点之间有空白，那么很容易将空白作为文本节点取出，从而造成理解上的偏差。element.firstChild 常用来获取某节点的文本节点。

（3）element.lastChild 属性用于获取最后一个子节点。如果主节点与最后一个节点之间有空白，那么很容易将空白作为文本节点取出，从而造成理解上的偏差。

（4）element.firstElementChild 属性用于获取第一个子节点。该属性不受主节点与子节点之间空白的影响，能直接取得第一个子节点，但在 IE8 及以下版本的浏览器中不兼容。

（5）element.lastElementChild 属性用于获取最后一个子节点。该属性在 IE8 及以下版本的浏览器中不兼容。

（6）element. children 属性用于返回子节点组成的集合，推荐使用该属性。

【**范例 7-6**】创建页面 7-6.html，网页内容与范例 7-1 中的页面一样。通过 JavaScript 脚本获取子节点，将所有列表项中的文本弹出显示。

创建网页 7-6.html，引入脚本文件 js/js7-6.js，网页的主要代码如下：

```
<head>
<meta http-equiv = "Content-Type" content = "text/html; charset = utf-8"/>
<title>获取子节点</title>
<script src = "js/js7-6.js" type = "text/javascript"></script>
</head>
<body>
<p>你喜欢哪个牌子的手机?</p>
<ul id = "phone">
<li id = "huawei">华为</li>
<li>苹果</li>
<li>vivio</li>
<li>小米</li>
</ul>
<form id = "form1" name = "form1" method = "post" action = "">
你的爱好:<br/>
<input type = "checkbox" name = "cbHobby" value = "youxi" id = "cbHobby_0"
/>游戏
<input type = "checkbox" name = "cbHobby" value = "zuqiu" id = "cbHobby_1"
/>足球
<input type = "checkbox" name = "cbHobby" value = "youyong" id = "cbHobby_2"
/>游泳
<input type = "checkbox" name = "cbHobby" value = "lanqiu" id = "cbHobby_3"
/>篮球
<input type = "checkbox" name = "cbHobby" value = "lvyou" id = "cbHobby_4"
/>旅游
</form>
</body>
```

在脚本文件 js/js7-6.js 中添加如下代码：

```
window.onload = function()
{
 //获取 id 为 phone 的节点
 var ulPhone = document.getElementById("phone");

 //获取 ulPhone 的子节点的集合
 var subNodes = ulPhone.children;

 //获取 ulPhone 的第一个节点
 var firstNode = ulPhone.firstElementChild;

 //获取 ulPhone 的最后一个节点
```

```
    var lastNode = ulPhone.lastElementChild;

    //输出节点中文本
    var str = "";
    for(var i = 0; i<subNodes.length; i++)
    {
        str += subNodes[i].innerText + "\n";
    }
    str += "第一个节点: " + firstNode.innerText + "\n";
    str += "最后一个节点: " + lastNode.innerText + "\n";
    alert(str);
}
```

在 Chrome 浏览器中的运行结果如图 7-8 所示。

图 7-8　获取子节点

【程序分析】

本例使用 ulPhone.children 取出了节点 ulPhone 的所有子节点，并输出各个子节点中的文本；使用 ulPhone.firstElementChild 取出了节点 ulPhone 的第一个子节点，使用 ulPhone. lastElementChild 取出了节点 ulPhone 的最后一个子节点，并分别输出第一个和最后一个节点中的文本。假如使用 ulPhone.firstChild 和 ulPhone.lastChild 来取出第一个和最后一个子节点，在本例中将会得到空白文本，因为它们获取的分别是<ul>与第一个<li>之间的空白、最后一个</li>与</ul>之间的空白。

7. 添加子节点

子节点可以添加到某元素节点的所有子节点的后面，成为最后一个子节点；也可以添加到某个子节点的前面。

将新节点添加成最后一个子节点的代码如下：

```
    var newNode = element.appendChild(newChild);
```

appendChild(newChild)的功能是，将给定子节点 newChild 变成给定元素节点 element 的最后一个子节点，该方法的返回值是一个指向新增子节点的引用。

将新节点添加到某个子节点前的代码如下：

```
    var insertNode = element.insertBefore(newNode,targetNode);
```

由于上述方法在"创建元素节点"和"插入节点"中均有举例，具体用法请参照前面的案例。

8. 读取属性节点

读取属性有以下两种方式：

（1）通过 phoneNode.getAttribute(attrName)来获取属性节点的值，通过 phoneNode.setAttribute(attrName, attrValue)来设置属性值。其中，phoneNode 是节点对象，attrName 是属性名，attrValue 是属性值。

（2）通过元素节点的 getAttributeNode()方法来获取属性节点，再通过 nodeValue 属性来读写属性值。

【范例 7-7】创建页面 7-7.html，通过 JavaScript 脚本读取并修改 id 为"huawei"的节点的"xiaoliang"属性值，读取并修改 id 为"cbHobby_0"的节点的 value 属性值。

创建网页 7-7.html，引入脚本文件 js/js7-7.js，网页的主要代码如下：

```html
<head>
<meta http-equiv = "Content-Type" content = "text/html; charset = utf-8"/>
<title>操作属性节点</title>
<script src = "js/js7-7.js" type = "text/javascript"></script>
</head>
<body>
<p>你喜欢哪个牌子的手机?</p>
<ul id = "phone">
<li id = "huawei" xiaoliang = "999999">华为</li>
<li>苹果</li>
<li>vivio</li>
<li>小米</li>
</ul>
<form id = "form1" name = "form1" method = "post" action = "">
你的爱好:<br/>
<input type = "checkbox" name = "cbHobby" value = "youxi" id = "cbHobby_0"
/>游戏
<input type = "checkbox" name = "cbHobby" value = "zuqiu" id = "cbHobby_1"
/>足球
<input type = "checkbox" name = "cbHobby" value = "youyong" id = "cbHobby_2"
/>游泳
<input type = "checkbox" name = "cbHobby" value = "lanqiu" id = "cbHobby_3"
/>篮球
<input type = "checkbox" name = "cbHobby" value = "lvyou" id = "cbHobby_4"
/>旅游
</form>
</body>
```

在脚本文件 js/js7-7.js 中添加如下代码：

```javascript
window.onload = function()
```

```
{
    var str = "";
    //获取 id 为 huawei 的节点
    var liHW = document.getElementById("huawei");
    //获取 liHW 的属性 xiaoliang 的值
    var xl = liHW.getAttribute("xiaoliang");
    str += "销量:" + xl + "\n";
    //修改属性值
    liHW.setAttribute("xiaoliang", 100);
    //获取 id 为 cbHobby_0 的节点
    var cbGame = document.getElementById("cbHobby_0");
    var attrNode = cbGame.getAttributeNode("value");
    var val = attrNode.nodeValue;
    str += "复选框值:" + val;
    attrNode.nodeValue = "game";
    alert(str);
}
```

在 Chrome 浏览器中的运行结果如图 7-9 所示。

图 7-9　操作属性节点

【程序分析】

本例用到了两种操作属性的方法，一种是用节点对象的 getAttribute()方法和 setAttribute()方法对属性进行读写；另一种是用节点对象的 getAttributeNode()方法获取属性节点，再用属性节点的 nodeValue 属性对值进行读写。

9. 获取文本节点

通过元素节点的 firstChild 属性，可以得到文本节点，element.firstChild 常用来获取某节点的文本节点。读写某节点的文本，可以通过以下 3 种方式：

（1）element.firstChild.nodeValue：读取或修改某节点的文本节点的内容；

（2）element.innerText：读取或修改某节点标签内的纯文本，不包括子标签；

（3）element.innerHTML：读取或修改某节点标签内的文本，包括子标签。

【范例 7-8】创建页面 7-8.html，通过 JavaScript 脚本读取并修改文本，将"华为"修改为"华为手机"，将"小米"修改为"小米手机"。

创建网页 7-8.html，引入脚本文件 js/js7-8.js，网页的主要代码如下：

```
<head>
<meta http-equiv = "Content-Type" content = "text/html; charset = utf-8"/>
<title>操作文本节点</title>
<script src = "js/js7-8.js" type = "text/javascript"></script>
</head>
<body>
<p>你喜欢哪个牌子的手机?</p>
<ul id = "phone">
<li id = "huawei">华为</li>
<li>苹果</li>
<li>vivio</li>
<li id = "xiaomi">小米</li>
</ul>
</body>
```

在脚本文件 js/js7-8.js 中添加如下代码：

```
window.onload = function()
{
    var str = "";
    //获取 id 为 huawei 的节点
    var liHW = document.getElementById("huawei");
    //获取文本节点
    var textHW = liHW.firstChild;
    //读取文本
    str += textHW.nodeValue + "\n";
    //修改文本
    textHW.nodeValue = "华为手机";
    //获取 id 为 xiaomi 的节点
    var liXM = document.getElementById("xiaomi");
    //读取节点 liXM 的文本
    str += liXM.innerText + "\n";
    //修改文本
    liXM.innerText = "小米手机";
    alert(str);
}
```

在 Chrome 浏览器中的运行结果如图 7-10 所示。

图 7-10　操作文本节点

【程序分析】

本例用到了 element.firstChild.nodeValue 和 element.innerText 来读取和修改节点中的文本，前者是用 element.firstChild 得到元素节点的文本节点，再取出文本节点的 nodeValue；后者是用 element.innerText 直接取出元素节点内的文本。

10. 创建文本节点

可以通过 document 对象的 createTextNode() 方法创建一个文本节点，代码如下：

```
var textNode = document.createTextNode(text);
```

createTextNode(text) 的作用是创建一个包含着给定文本的新文本节点，返回值是一个指向新建文本节点引用指针。该方法只有一个参数，即新建文本节点所包含的文本字符串。文本节点的 nodeType 属性为 3。

新文本节点不会自动添加到文档中，需要使用 element.appendChild(textNode) 将新文本节点添加到某元素节点中。

【范例 7-9】创建页面 7-9.html，通过 JavaScript 脚本向 \<ul> 和 \</ul> 中添加 3 个列表项，分别显示"华为""oppo""小米"。

创建网页 7-9.html，引入脚本文件 js/js7-9.js，网页的主要代码如下：

```
<head>
<meta http-equiv = "Content-Type" content = "text/html; charset = utf-8"/>
<title>添加文本节点</title>
<script src = "js/js7-9.js" type = "text/javascript"></script>
</head>
<body>
<p>你喜欢哪个牌子的手机?</p>
<ul id = "phone">

</ul>
</body>
```

在脚本文件 js/js7-9.js 中添加如下代码：

```
window.onload = function()
{
    var ulPhone, li, textNode;
    //获取 id 为 phone 的 ul 元素节点
    ulPhone = document.getElementById("phone");

    //创建一个 li 元素节点及其文本节点，并添加到 ulPhone 中
    li = document.createElement("li");
    textNode = document.createTextNode("华为");
    li.appendChild(textNode);
    ulPhone.appendChild(li);

    //创建一个 li 元素节点及其文本节点，并添加到 ulPhone 中
    li = document.createElement("li");
    textNode = document.createTextNode("oppo");
    li.appendChild(textNode);
    ulPhone.appendChild(li);

    //创建一个 li 元素节点及其文本节点，并添加到 ulPhone 中
    li = document.createElement("li");
    textNode = document.createTextNode("小米");
    li.appendChild(textNode);
    ulPhone.appendChild(li);
}
```

在 Chrome 浏览器中的运行结果如图 7-11 所示。

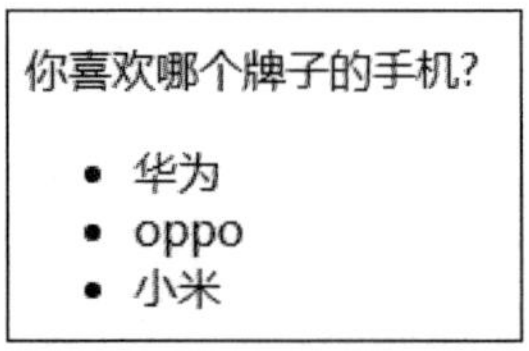

你喜欢哪个牌子的手机？

- 华为
- oppo
- 小米

图 7-11　操作文本节点

【程序分析】

本例使用 document.createElement("li")创建 li 元素节点，使用 document.createTextNode ("华为")创建文本节点，使用 li.appendChild(textNode)向 li 元素节点添加文本节点，用 ulPhone.appendChild(li)将 li 元素节点作为子节点添加到 ul 标签中。

二、页面元素的占位

在 JavaScript 的应用中，常常会接触到页面元素的占位属性，如 clientWidth、clientHeight、offsetWidth、scrollHeight、offsetTop、scrollLeft 等，在实际应用时非常容易混淆。下面介绍

页面元素的各个占位属性（如表 7-4 所示），并举例验证。

表 7-4　页面元素的占位属性

节点属性	属性说明
clientWidth	内容可视区域的宽度，包括 padding，但不包括 margin 和滚动条，即 clientWidth = 当前对象可视区域的宽度 + 左右 padding 值。如果区域内带有滚动条，那么还应该减去纵向滚动条不可用的宽度，正常的是 17px，这时 clientWidth = 当前对象可视区域的宽度 + 左右 padding 值 − 17
offsetWidth	对象整体的实际宽度，包括 padding、border、滚动条等边线，会随对象显示大小的变化而改变
scrollWidth	对象的实际内容的宽度，包括可视区域的宽度和因滚动而超出可视区的宽度，该属性会随对象中内容超过可视区后而变大
clientHeight	内容可视区域的高度，包括 padding，但不包括 margin 和滚动条，即 clientHeight = 当前对象可视区域的高度 + 上下 padding 值。如果区域内带有滚动条，那么还应该减去横向滚动条不可用的高度，正常的是 17px，这时 clientHeight = 当前对象可视区域的高度 + 上下 padding 值 − 17
offsetHeight	对象整体的实际高度，包括 padding、border、滚动条等边线，会随对象显示大小的变化而改变
scrollHeight	对象的实际内容的高度，包括可视区域的高度和因滚动而超出可视区的高度，该属性会随对象中内容超过可视区后而变大
clientLeft	从当前可视区域左侧到上一级元素的距离
offsetLeft	从当前对象左侧到 body 元素的距离
scrollLeft	滚动条横向拉动的距离
clientTop	从当前可视区域顶端到上一级元素的距离
offsetTop	从当前对象顶端到 body 元素的距离
scrollTop	滚动条纵向拉动的距离

【范例 7-10】创建页面 7-10.html，在页面中添加一个 div，设置好 padding、border、margin 和滚动条后，单击按钮弹出显示该 div 元素的相关占位属性。

创建网页 7-10.html，引入样式文件 css/css7-10.css 和脚本文件 js/js7-10.js，网页的主要代码如下：

```
<head>
<meta charset = "utf-8">
<title>页面元素的占位</title>
<link href = "css/css7-10.css" rel = "stylesheet" type = "text/css">
<script src = "js/js7-10.js" type = "text/javascript"></script>
</head>
<body>
<div id = "div01">
第 01 行<br>第 02 行<br>第 03 行<br>第 04 行<br>第 05 行<br>第 06 行<br>第 07 行<br>
第 08 行<br>第 09 行<br>第 10 行<br>第 11 行<br>第 12 行<br>第 13 行<br>第 14 行<br>
第 15 行<br>第 16 行<br>第 17 行<br>第 18 行<br>第 19 行<br>第 20 行<br>第 21 行<br>
</div>
<input name = "bt01" type = "button" id = "bt01" value = "按钮"  />
</body>
```

在 CSS 文件 css/ccs7-10.css 中添加如下样式代码：

```
body{padding:0; margin:0;}    /* 将 body 的内外边距设为 0 */
#div01{
width:300px;                  /*宽度 300px*/
height:350px;                 /*高度 350px*/
padding:10px 20px;            /* 上下内边距 10px、左右内边距 20px */
border:5px #CCCCCC solid;     /* 边框 5px */
margin:50px 80px;             /* 上下外边距 50px、左右外边距 80px */
overflow:scroll;              /* 总是显示滚动条 */
}
```

在脚本文件 js/js7-10.js 中添加如下代码：

```
window.onload = function()
{
 var div01 = document.getElementById("div01");
 var bt01 = document.getElementById("bt01");
 bt01.onclick = function(){ //按钮单击事件
     var str = "";
     str += "\ndiv01.clientWidth = " + div01.clientWidth;
     str += "\ndiv01.offsetWidth = " + div01.offsetWidth;
     str += "\ndiv01.scrollWidth = " + div01.scrollWidth;
     str += "\ndiv01.clientHeight = " + div01.clientHeight;
     str += "\ndiv01.offsetHeight = " + div01.offsetHeight;
     str += "\ndiv01.scrollHeight = " + div01.scrollHeight;
     str += "\ndiv01.clientTop = " + div01.clientTop;
     str += "\ndiv01.offsetTop = " + div01.offsetTop;
     str += "\ndiv01.scrollTop = " + div01.scrollTop;
     str += "\ndiv01.clientLeft = " + div01.clientLeft;
     str += "\ndiv01.offsetLeft = " + div01.offsetLeft;
     str += "\ndiv01.scrollLeft = " + div01.scrollLeft;
     alert(str);
     }
}
```

在 Chrome 浏览器中的运行结果如图 7-12 所示。

【程序分析】

本例输出了 id 为 div01 的元素的相关占位属性值，具体计算方法如下：

div01.clientWidth =

div01 的宽度+左 padding+右 padding-滚动条宽度=300+20+20-17=323

div01.offsetWidth =

div01 的宽度+左 padding+右 padding+左 border+右 border=300+20+20+5+5=350

div01.scrollWidth =div01.clientWidth +超出可视区域的宽度=323+0=323

div01.clientHeight =

div01 的高度+上 padding+下 padding-滚动条高度=350+10+10-17=353

div01.offsetHeight =

div01 的高度+上 padding+下 padding+上 border+下 border=350+10+10+5+5=380

div01.scrollHeight =

div01.clientHeight+超出可视区域的高度=353+108（由超出的内容决定）=461

div01.clientTop = 可视区域与 div01 顶部边线的距离=上 border=5

div01.offsetTop = div01 顶部边线到 body 顶部边线的距离=上 margin=50

div01.scrollTop = 垂直滚动条滚动的距离=80

div01.clientLeft = 可视区域与 div01 左侧边线的距离=左 border=5

div01.offsetLeft = div01 左侧边线到 body 左侧边线的距离=左 margin=80

div01.scrollLeft = 水平滚动条滚动的距离=0

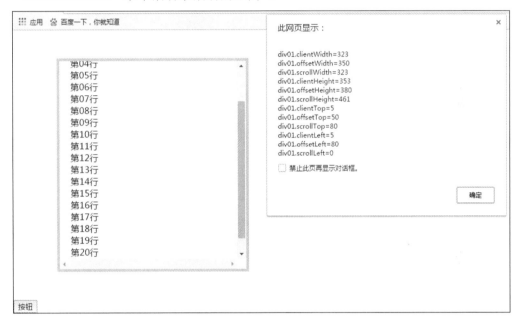

图 7-12　页面元素占位

任务三　项目实施

一、任务目标

（1）熟练掌握 JavaScript 中样式的获取和设置。

（2）熟练掌握 JavaScript 中元素定位的设置。

二、任务内容

在一个网页的两侧显示广告条幅（图片），要求拖动网页滚动条时，广告条幅能跟着滚动。当单击条幅上的"关闭"按钮时，能关闭广告条幅。

实现上述效果的关键技术在于：

（1）使用 CSS 样式的绝对定位，将广告条幅浮于页面之上；

（2）使用 JavaScript 获取网页滚动的距离，随之更新广告条幅的定位。

三、操作步骤

（1）运行 Dreamweaver 软件，新建 HTML 标准网页文件 ADLeftRight.html、CSS 文件 ADLeftRight.css 和脚本文件 ADLeftRight.js。

（2）ADLeftRight.html 的代码如下：

```html
<!doctype html>
<html>
<head>
<meta http-equiv = "Content-Type" content = "text/html; charset = gb2312"/>
<title>左右广告条幅</title>
<link href = "css/ADLeftRight.css" rel = "stylesheet" type = "text/css" />
<script language = "javascript" type = "text/javascript" src = "js/ADLeftRig-
ht.js"></script>
</head>
<body>
<div id = "left">
<div class = "close"><a href = "javascript:void(0)">X</a></div>
<img src = "imgs/left.jpg" width = "135" height = "376" />
</div>
<div id = "right">
<div class = "close"><a href = "javascript:void(0)">X</a></div>
<img src = "imgs/right.jpg" width = "135" height = "376" />
</div>
<div>
内容<br/>内容<br/>内容<br/>内容<br/>内容<br/>内容<br/>内容<br/>内容<br/>内
容<br/>内容<br/>内容<br/>内容<br/>内容<br/>内容<br/>内容<br/>内容<br/>内
容<br/>内容<br/>内容<br/>内容<br/>内容<br/>内容<br/>内容<br/>内容<br/>内
容<br/>内容<br/>内容<br/>内容<br/>内容<br/>内容<br/>内容<br/>内容<br/>内
容<br/>内容<br/>内容<br/>内容<br/>内容<br/>内容<br/>内容<br/>内容<br/>内
容<br/>内容<br/>内容<br/>内容<br/>内容<br/>内容<br/>内容<br/>内容<br/>内
容<br/>内容<br/>
</div>
</body>
</html>
```

ADLeftRight.css 的代码如下：

```css
#left
{
```

```
    position:absolute;
    left:10px;
    z-index:100;
    width:135px;
    height:376px;
    top: 100px;
}
#right
{
    position:absolute;
    right:10px;
    z-index:100;
    width:135px;
    height:376px;
    top: 100px;
}
.close
{
    position:absolute;
    top:-20px;
    right:0;
    width:10px;
    height:10px;
}
.close a
{
    color:#000;
    text-decoration:none;
}
```

ADLeftRight.js 的代码如下:

```
window.onload = function(){
    //关闭
    var cls = document.getElementsByClassName("close");
    for(var i = 0;i<cls.length;i++)
    {
        cls[i].onclick = function(){
            //将触发事件的 x 的父节点设置为不显示
            this.parentNode.style.display = "none";
        };
    }
}
//网页滚动时，改变广告层的定位
window.onscroll = function(){
    var divLeft = document.getElementById("left");
```

```
var divRight = document.getElementById("right");
//兼容不同的浏览器
var top = document.documentElement.scrollTop||document.body.scrollTop;
divLeft.style.top = 100+top+"px";
divRight.style.top = 100+top+"px";
}
```

（3）在 Chrome 浏览器中的运行结果如图 7-13 所示。

图 7-13　网页两侧广告效果

四、拓展内容

在完成以上要求的实训内容后。可以选择进一步完善广告条幅效果，例如：在关闭广告条幅时，让广告条幅从两侧逐渐移出可视区域，当单击小图标时，广告条幅又可以恢复成原来的样子。

网站平台注册的验证

本项目主要内容

➤ 用 CSS 制作表格
➤ 用 DOM 动态制作表格
➤ 表单
➤ 文本框
➤ 单选按钮
➤ 复选框
➤ 设置下拉框
➤ 表格与表单设计
➤ 网站平台注册的验证

　　用户在浏览网站时经常需要登录或注册，而网站中登录和注册功能的实现分为前台验证和后台数据操作两部分。前台负责验证输入表单中的数据的合法性，只有在输入数据合法的情况下，数据才会被提交到后台，然后进行数据库操作。JavaScript 用于在前台验证表单数据的合法性，如判断用户名和密码是否为空、判断两次密码是否一致、验证邮箱地址格式是否正确等。

　　表格和表单在网页设计中，都是必须掌握的设计技术。表格主要用于显示数据，但也在传统的网页设计中作为整个页面布局的手段；表单主要用于传输数据和采集信息，使网页具有交互功能。

任务一　用 CSS 制作表格

　　用 CSS 来设置表格的颜色和边框等，可以更好地改善表格外观。

一、表格的标签

　　在 JavaScript 中，如果所需要制作的表格大小和内容固定，那么就可以使用表格的标签来完成表格的制作。

表格具有 5 个最基本的 HTML 标签：

（1）\<table\>标签：用于定义整个表格。

（2）\<tr\>标签：用于定义一行。

（3）\<td\>标签：用于定义一个单元格。

（4）\<caption\>标签：用于设置表格标题。

（5）\<th\>标签：用于设置表头。

1. \<table\>标签的格式

\<table\>标签的格式如下：

```
<table width = "[宽度]>" border = "[边框粗细]>" >
...
</table>
```

例如：

```
<table width = "200" border = "1" >
...
</table>
```

表示定义了一个宽 200px，边框粗细为 1px 的表格。

2. \<tr\>与\<td\>标签的格式

\<tr\>与\<td\>标签的格式如下：

```
<tr>
  <td> *** </td> ...
</tr>
```

例如：

```
<tr>
   <td> 序号 </td> <td> 名称 </td>
</tr>
```

表示定义了一个一行两列的表格。

3. 标签使用范例

【范例 8-1】制作一个电器产品价格表，效果如图 8-1 所示。

图 8-1　电器产品价格表

代码如下：

```
<html>
<head>
<title>表格标签</title>
</head>
<body>
<table width = "200" border = "1">
<caption>    产品价格表 </caption>
<th>名称</th>  <th>单位</th>  <th>单价</th>
<tr>    <td>电视机</td>    <td>台</td>    <td>3990</td>  </tr>
<tr>    <td>电冰箱</td>    <td>台</td>    <td>1082</td>  </tr>
<tr>    <td>平板电脑</td>  <td>个</td>    <td>5190</td>  </tr>
</table>
</body>
</html>
```

二、表格的颜色

设置表格颜色，可以使用 CSS 样式表。颜色值设置的格式为：#[红][绿][蓝]。

例如，#ffffff 为白色，#000000 为黑色，#ff0000、#00ff00 和#0000ff 分别为红色、绿色和蓝色。

【范例 8-2】在范例 8-1 的基础上，添加设置颜色的 CSS 代码。代码如下：

```
<head>
<title>设置表格的颜色</title>
<style type = "text/css">
table{
    color:#ff0000;              /*表格文字颜色*/
    background-color:#eeeeee;   /*表格背景色*/
    font-family:"宋体";          /*表格字体*/
}
caption{
    font-size:16px;            /*表格标题字体大小*/
    font-weight:bolder;        /*表格标题文字粗细*/
}
th{
    color:#005533;             /*表格表头颜色*/
    background-color:#ffaa00   /*表格表头背景颜色*/
}
</style>
</head>
```

在 Chrome 浏览器中的运行结果如图 8-2 所示。

（实际效果）

图 8-2   运行结果

三、表格的边框

同样，用 CSS 样式表也可以控制表格的边框。根据不同的要求，对表格和单元格可以应用不同的边框格式，既可以定义整个表格的边框，又可以单独针对单元格的边框进行定义。CSS 的边框属性可以分别指定边框的大小、颜色和类型进行定义。

1. 边框的整体设置

CSS 控制的边框属性包括：

（1）border-width：设置边框宽度，常用值为 1px、2px 等。

（2）border-style：设置边框样式，常用值有 solid、dashed、dotted、double、groove、ridge、inset 和 outset 等。

（3）border-color：设置边框颜色，常用值有 red、green、blue 等。或者用 rgb(100,100,100) 及#000000 来设置。

例如：

```
border-width:1px
border-style:solid
border-color:red
```

也可以用一条语句综合 3 个属性设置：

```
border:1px solid red
```

2. 边框的边单独设置

对边框也可以针对边框的四个边单独设置。其属性和格式如下：

```
border-top: [宽度] [样式] [颜色]
border-bottom: [宽度] [样式] [颜色]
border-right: [宽度] [样式] [颜色]
border-left: [宽度] [样式] [颜色]
```

3. 边框设置范例

【范例 8-3】边框设置的范例代码如下。

```
<style type = "text/css">
table{
  color:#ff0000;                    /*表格文字颜色*/
  background-color:#eeeeee;         /*表格背景色*/
```

```
    font-family:"宋体";                /*表格字体*/
    border-collapse: separate;         /*表格边框分开不合并*/
    border-spacing: 5pt;               /*相邻单元格边框的间距*/
    border-top: 1px solid red;           /*表格的上边框*/
    border-left: 2px solid red;          /*表格的左边框*/
    border-right: 3px dashed black;      /*表格的右边框*/
    border-bottom: 4px dashed blue;      /*表格的下边框*/
}
caption{
    font-size:16px;                   /*表格标题字体大小*/
    font-weight:bolder;               /*表格标题文字粗细*/
}
th{
    color:#005533;                    /*表格表头颜色*/
    background-color:#ffaa00          /*表格表头背景颜色*/
}
</style>
```

在 Chrome 浏览器中的运行结果如图 8-3 所示。

（实际效果）

图 8-3　运行结果

【程序分析】

从运行结果可以看出，对边框的上、左、右、下四个边分别进行了由细到粗（从 1px 到 4px）的边框设置，颜色和边框线型也有所区别。

任务二　用 DOM 动态制作表格

DOM 是网站内容与 JavaScript 互通的接口。在 DOM 中，所有的 HTML 元素、属性和文本都被视为对象，DOM 提供了访问所有这些对象的方法和属性，并可以通过创建、添加、修改和删除页面上的任意元素来重新构建页面。

一、动态创建表格

用 DOM 动态创建表格也是一种常见的方法，这种方法适用于交互式网站，用户可以根据自己的需要来创建。

在 JavaScript 中，动态创建表格的语句分为两部分。

1. 在<body>中定义表格

```
<body onload = "createTable()">
<table id = "tabId">
</table>
</body>
```

createTable()为创建表格的函数，tabId 为表格 id。

2. 在<script>中创建表格

通常把创建表格的代码设计为函数 createTable()。

```
function createTable(row,cell){
var tab = document.createElement("table");//获得表格对象 tab
tab.setAttribute("width","300");   //设置表格属性
tab.setAttribute("height","20");
tab.setAttribute("border","1");
for(var x = 0;x<row;x++){
    var tr = tab.insertRow();
    for(var y = 0;y<cell;y++){
      var td = tr.insertCell();
      td.innerHTML = "*****";
    }
 }
document.getElementById("tabId").appendChild(tab);//添加到指定表格 tabId 中
 }
```

row 和 col 分别为行列数。在 JavaScript 中，行列号是从 0 开始（包括标题行）的。

3. 创建表格范例

【范例 8-4】创建一个 4 行 3 列的表格。

```
<html><head><title>动态创建表格</title>
<script type = "text/javascript"; language = "javascript">
function createTable(row,cell){
var tab = document.createElement("table");//获得表格对象 tab
tab.setAttribute("width","300");   //设置表格属性
tab.setAttribute("height","20");
tab.setAttribute("border","1");
for(var x = 0;x<row;x++){
    var tr = tab.insertRow();
    for(var y = 0;y<cell;y++){
      var td = tr.insertCell();
      td.innerHTML = "单元格"+(x+1)+(y+1);
    }
 }
```

```
document.getElementById("tabId1").appendChild(tab);//添加到指定表格 tabId1 中
}
</script>
</head>
<body onload = "createTable(4,3)">
<table id = "tabId1">
<caption>表格标题</caption>
</table>
</body>
</html>
```

在 Chrome 浏览器中的运行结果如图 8-4 所示。

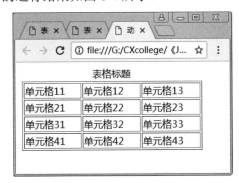

图 8-4 运行结果

二、动态添加表格

在网页设计中，有些表格是动态变化的，需要根据网页运行的变化情况来确定表格的内容。例如报名表，在网页运行时，报名人数不断增加，报名表显示的行数也随时增多。

添加表格使用的方法如下：

```
var row = document.getElementById("tabId").insertRow(k);
v1 = document.createTextNode("***");
var cell = row.insertCell(n);
cell.appendChild(v1);
```

row 和 cell 为行和列对象；k 和 n 分别表示添加到第几行和第几列；tabId 为表格 id。

例如，设计一个添加函数 insTable()，在第 1 行添加一行内容。

```
function insTable(){
var row = document.getElementById("tid1").insertRow(1);
var v1 = new Array(3);
v1[0] = document.createTextNode("手机");
v1[1] = document.createTextNode("个");
v1[2] = document.createTextNode("3999");
for(var i = 0;i<v1.length;i++){
    var cell = row.insertCell(i);
```

```
      cell.appendChild(v1[i]);
   }
}
```

【范例 8-5】在"仓库库存表"中，添加一行内容在第 1 行的位置。

```html
<html><head><title>动态添加行</title>
<script type = "text/javascript"; language = "javascript">
function insTable(){
var row = document.getElementById("tid1").insertRow(1);
var v1 = new Array(3);
v1[0] = document.createTextNode("手机");
v1[1] = document.createTextNode("个");
v1[2] = document.createTextNode("3999");
for(var i = 0;i<v1.length;i++){
   var cell = row.insertCell(i);
   cell.appendChild(v1[i]);
   }
}
</script>
</head>
<body >
<table width = "200" border = "1" id = "tid1">
  <caption>    仓库库存表  </caption>
  <th>名称</th>  <th>单位</th>  <th>单价</th>
<tr>    <td>电视机</td>    <td>台</td>    <td>5000</td>  </tr>
</table>
<button onclick = "insTable()">添加一行内容</button>
</body>
</html>
```

在 Chrome 浏览器中的运行结果如图 8-5 和图 8-6 所示。

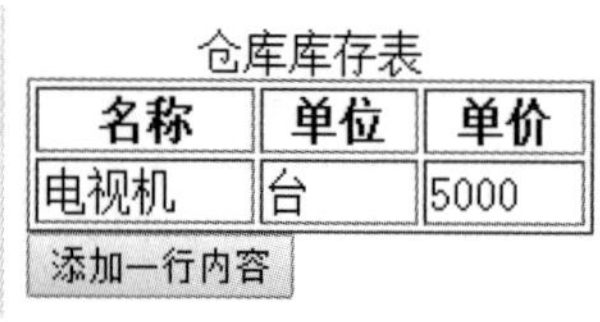

图 8-5 单击"添加一行内容"前运行结果    图 8-6 单击"添加一行内容"后运行结果

三、修改单元格内容

修改单元格内容：通过设置该单元格的 id 或者 name 属性并获取单元格的引用名，然后用 innerText 或 innerHTML 设置该单元格的内容。

（1）innerText 属性用于设置或者获取从对象的起始位置到终止位置的文本，不包括 HTML 标签。

（2）innerHTML 属性用于设置或者获取从对象的起始位置开始的全部内容，包括
HTML 标签。

修改单元格内容的语句如下：

```
var tab = document.getElementById("tabId");
tab.rows[行].cells[列].innerHTML = "值";
```

例如：

```
var tab = document.getElementById("tabId1");
tab.rows[1].cells[2].innerHTML = "3999";
```

【范例 8-6】要求把表中的价格 3999 修改为 99。

```
<html><head><title>动态添加行</title>
<script type = "text/javascript"; language = "javascript">
function modCell(){
var tab = document.getElementById("tid1");
tab.rows[1].cells[2].innerHTML = "99";
var v1 = tab.rows[1].cells[2].innerHTML;
alert("修改为："+v1);
}
</script></head>
<body>
<table width = "200" border = "1" id = "tid1">
<caption>    仓库库存表  </caption>
<th>名称</th>  <th>单位</th>  <th>单价</th>
<tr> <td>手机</td>  <td>个</td>  <td>3999</td> </tr>
</table>
<button onclick = "modCell()">修改内容</button>
</body>
</html>
```

在 Chrome 浏览器中的运行结果如图 8-7、图 8-8 和图 8-9 所示。单击"修改内容"按
钮后，提示如图 8-8 所示的内容。

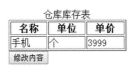

图 8-7　修改内容前

图 8-8　修改内容提示　　　　　　　　图 8-9　修改内容后

四、动态删除表格

动态删除表格包括删除表格的行和单元格。

（1）deleteRow()，用于删除行。

（2）deleteCell()，用于删除单元格。

1. 删除行

语法格式如下：

```
var tab = document.getElementById("tabId");
tab.deleteRow(行);
```

例如：

```
var tab = document.getElementById("tid1");
tab.deleteRow(2);
```

删除 id 为 tid1 的表中的第 2 行。

2. 删除列

语法格式如下：

```
var tab = document.getElementById("tabId");
for(var i = 0;i<tab.rows.length;i++){
    tab.deleteCell(列);
}
```

例如：

```
var tab = document.getElementById("tid1");
for(var i = 0;i<tab.rows.length;i++){
    tab.rows[i].deleteCell(2);
}
```

删除 id 为 tid1 的表中的第 3 列。

3. 删除表格范例

【范例 8-7】在一个表格中，通过两个按钮，分别删除第 2 行和第 2 列。

```
<html> <head>
<title>动态删除行列</title>
<script type = "text/javascript"; language = "javascript">
function delRow(){
var tab = document.getElementById("tid1");
tab.deleteRow(2);
alert("删除第 2 行！");
}
function delCell(){
var tab = document.getElementById("tid1");
for(var i = 0;i< tab.rows.length;i++){
tab.rows[i].deleteCell(1);
```

```
        }
    alert("删除第2列！");
    }
</script>
</head>
<body>
<table width = "200" border = "1" id = "tid1">
<caption>    产品价格表   </caption>
<th>名称</th>   <th>单位</th>   <th>单价</th>
<tr>    <td>电视机</td>    <td>台</td>    <td>3990</td> </tr>
<tr>    <td>电冰箱</td>    <td>台</td>    <td>1082</td> </tr>
<tr>    <td>平板电脑</td> <td>个</td>    <td>5190</td> </tr>
<tr>    <td>手机</td>     <td>个</td>    <td>3990</td> </tr>
</table>
<button onclick = "delRow()">删除第2行</button>
<button onclick = "delCell()">删除第2列</button>
</body>
</html>
```

在 Chrome 浏览器中的运行结果如图 8-10～图 8-14 所示。

图 8-10　运行结果前

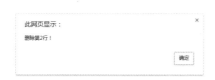

图 8-11　删除行提示

图 8-12　删除后效果

图 8-13　删除列提示

图 8-14　最终运行结果

4. 添加超链接删除

如果要在表格上删除某几行，那么还可以给表格每一行上添加一列超链接，在运行时，单击要删除的那一行的超链接就可以删除该行。

【范例 8-8】添加超链接删除。

```
<html> <head> <title>动态删除表格</title>
<script type = "text/javascript"; language = "javascript">
function deleRow(){ //*删除表格的第2行*
    var table = document.getElementById("tid1");
    var row = document.getElementById("tr2");
    var index = row.rowIndex;
```

```
        table.deleteRow(index);
    }
    function deleColumn(tableID,indexNum){ /*删除表格 objTable 的第 indexNum
列*/
        var table = document.getElementById(tableID);
        for(var i = 0;i < table.rows.length;i++){
            table.rows[i].deleteCell(indexNum);
        }
    }
    function addLink(){ /*为表格每一行追加一列删除链接*/
        var table = document.getElementById("tid1");
        var th = document.createElement('th'); /*为表格的表头追加一列，内容为"操
作"*/
        th.innerHTML = "操作";
        table.tBodies[0].children[0].appendChild(th);
        /*为表格 tbody 内的每一行添加一列超链接并实现单击超链接可以删除行的功能*/
        for(var i = 1;i<table.tBodies[0].rows.length+1;i++){
            var td = document.createElement('td');
            td.innerHTML = "<a href = '#'>删除</a>";
            table.tBodies[0].children[i].appendChild(td);
            td.children[0].onclick = onDelete;
        }
    }
    function onDelete(){ /*超链接删除功能的具体实现*/
        var table = document.getElementById("tid1");
        var row = document.getElementById("tid1").getElementsByTagName("tr");
        for (var i = 0;i<row.length;i++){
            row[i].index = i;
        }
        var j = this.parentNode.parentNode.index;
        table.tBodies[0].removeChild(row[j]);
    }
window.onload = function(){addLink();}
</script>
</head>
<body>
<table width = "200" border = "1" id = "tid1">
    <caption>   产品价格表   </caption>
    <th>名称</th>  <th>单位</th>  <th>单价</th>
    <tr>    <td>电视机</td>    <td>台</td>    <td>3990</td>   </tr>
    <tr>    <td>电冰箱</td>    <td>台</td>    <td>1082</td>   </tr>
    <tr>    <td>平板电脑</td>  <td>个</td>    <td>5190</td>   </tr>
</table>
<input type = "button" value = "删除单位" onclick = "deleColumn('tid1',1)"/>
```

```
        </body>
    </html>
```

在 Chrome 浏览器中的运行结果如图 8-15 所示。

图 8-15　超链接删除

任务三　表单

表单是一个交互式窗口，是用户与页面接触最多的一个页面元素。表单可以收集用户的信息和反馈的意见，是网站管理员与浏览者之间沟通的桥梁。在使用中，表单常常用于实现用户注册、登录、投票等功能。

一、表单标签与元素

表单就是一个容器，在这个容器中有窗体和控件。

1. 表单标签

表单标签的格式如下：

```
    <form [属性]···>
    ···
    </form>
```

2. 表单的属性

表单有很多属性，常用的属性如下：

（1）id：用于返回表单对象的 id，可以通过 id 属性的值对表单进行引用。

（2）name：用于返回表单对象的名称，可以通 name 属性的值对表单进行引用。

（3）method：用于说明表单的提交方式，可取值 get（默认值）或 post。

（4）action：用来定义表单处理程序的位置。

（5）target：用于说明在何处打开表单。

（6）submit()：将表单数据提交给服务器程序处理。

（7）reset()：将表单中所有元素值重新设置为默认状态。

下面使用一个程序来说明表单的一些基本元素和相关标签。

3. 表单的元素

通用的表单元素有以下几种类型：

（1）文本框：类型属性 type="text"。

（2）按钮：类型属性 type="button"表示按钮，type="submit"表示提交，type="reset"表示重置，type="image"表示图像。

（3）单选按钮：类型属性 type="radio"。

（4）复选按钮：类型属性 type="checkbox"。

（5）下拉菜单：标签<select></select>。

4. 表单元素的公共属性与方法

在表单中有较多的元素，但大多数元素都有相同的属性和方法，分别称为公共属性和公共方法。

（1）常用的公共属性

- id：元素的唯一 ID 值。
- name：元素的名称。
- type：元素的类型。
- value：元素的值。
- checked：一个单选按钮或者复选按钮是否被选中，选中状态时，该属性值为 true。如果单选按钮有多个，且属性 name 都相同，那么只能有一个被选中。

（2）常用的公共方法

- blur()：将焦点从该表单元素上移开，其作用与 focus()方法相反。
- focus()：将焦点移动到该表单元素上，其作用与 blur()方法相反。
- click()：相当于鼠标在表单元素上单击。
- select()：选中表单元素中可编辑的文本，如文本框。

如要要实现在浏览器中打开页面后，鼠标指针自动聚焦在表单 form1 中 name 为 user 的元素上，那么可以使用代码 document.form1.user.focus()。

【范例8-9】表单标签和元素。

```
<html> <head> <title>表单的相关标签和元素</title></head>
<body>
<form name = "regForm" id = "form1" action = "regInfo.aspx" method = "post"
target = "frame">
    <div> <span>姓名：</span><br/>
    <input type = "text" id = "user"/>
    </div> <br/>
    <div> <span>性别：</span><br/>
    <input name = "sex" type = "radio" id = "check" value = "女" checked
= "checked"/> 女
    <input name = "sex" type = "radio" value = "男" id = "check"/> 男
    </div> <br/>
    <div> <span>年龄：</span><br/>
```

```
            <select name = "age" id = "age">
                <option value = "age1">18-38</option>
                <option value = "age2">39-55</option>
                <option value = "age3">56-75</option>
                <option value = "others">其他</option>
                </select>
                </div><br/>
                <div> <span>爱好: </span><br />
                <input type = "checkbox" name = "getFun" id = "ah1" value = "ah1"/>
                <span>健身</span>
                <input type = "checkbox" name = "getFun" id = "ah2" value = "ah2"/>
                <span>唱歌</span>
                <input type = "checkbox" name = "getFun" id = "ah3" value = "ah3"/>
                <span>跳舞</span><br /> <br/>
                <div>
                <input type = "submit" name = "btnSubmit" id = "btnSubmit" value =
"提交"/>
                <input type = "reset" name = "btnSubmit" id = "btnSubmit" value = "
重置"/>
                </div>
        </form>
        </body>
        </html>
```

在 Chrome 浏览器中的运行结果如图 8-16 所示。

图 8-16　表单标签和元素

二、表单的样式

用 CSS 可以定义表单元素的外观,下面介绍表单元素的字体样式、边框样式和背景颜色,从而达到一定的美化表单的效果。

【范例 8-10】设置表单的 CSS 样式。

```
        <style type = "text/css">
```

```
    form{
        border:thick;
        background:#3399FF;
        padding:10px 20px 10px 20px;
        margin:0px;
    }
    input.txt{ /*设置文本框的 CSS 样式*/
        border: #666666 2px inset;
        background-color:#CCCCCC;
    }
    select{ /*设置下拉列表框的 CSS 样式*/
        border: #FFFFFF 2px inset;
        background:#CCCCCC;
    }
    input.btn{ /*设置按钮的 CSS 样式*/
        border: #FFFFFF 2px outset;
        background-color:#999999;
        color:#333333;
        width:50px;
        height:25px;
    }
    </style>
```

在 Chrome 浏览器中的运行结果如图 8-17 所示。

图 8-17　表单的 CSS 样式

三、表单元素的操作

表单元素的操作中最常用的是对表单元素属性的访问。

1. 表单元素的对象

操作表单元素，首先要声明元素对象，再通过元素对象访问元素，获得元素属性值。通常采用 DOM 中定位元素的方法来声明元素对象，有 3 种方式可以声明一个元素的对象。

（1）通过元素 id 声明元素对象

格式如下：

```
    var [元素对象] = document.getElementById("[元素 id]");
```

例如：name 作为元素 id。

```
var user = document.getElementById("name");
```

user 为声明的元素对象。

（2）用 forms 集合声明元素对象

格式如下：

```
var [表单对象] = document.forms["[表单 id]"];
var [元素对象] = [表单对象].elements["[元素 id]"];
```

例如：form1 为表单 id，name 为元素 id。

```
var form = document.forms["form1"];
var user = form.elements["name"];
```

（3）直接声明元素对象

格式如下：

```
var [元素对象] = document.[表单 id].[元素 id];
```

例如：form1 为表单 id，name 为元素 id。

```
var user = document.form1.name;
```

以上 3 种方法中，使用较为广泛的是第一种方法（通过元素 id 声明元素对象）。

2. 表单元素的访问

表单主要用于采集用户信息，在采集到用户信息后，通常需要把数据信息传递给一个数据处理函数。可以通过 button 按钮调用数据处理函数。

用 button 按钮调用数据处理函数的方法如下：

```
<input type = "button" value = "数据处理" onclick = " [函数名]()"/>
```

例如：

```
<input type = "button" value = "数据处理" onclick = " click()"/>
```

当 button 按钮被单击后，将调用 click() 函数。

在数据处理函数中，可以通过表单元素对象访问元素属性值。例如，要访问一个按钮 ID，访问格式如下：

```
btn = document.getElementById("[按钮 ID]");
String s = btn.value;
```

上述代码将按钮的 value 属性值赋值给了 s 变量。

【范例 8-11】按钮元素的操作。

让两个按钮只能有一个处于单击有效的状态，也就是当一个按钮被单击后，不能再被有效单击，而把另一个按钮设置为单击有效。

属性 disabled 可设置或者返回按钮是否有效，其值有 true 和 false 两种。

属性 value 是按钮的显示文本。

```
<html> <head> <title>表单操作</title>
<script language = "javascript">
function openb(){
    alert("打开！");
```

```
        var bid1 = document.getElementById("btn1");
        var bid2 = document.getElementById("btn2");
        bid1.disabled = true;
        bid2.disabled = false;
        bid1.value = "不能打开";
        bid2.value = "关闭";
    }
    function closeb(){
        alert("关闭！");
        var bid1 = document.getElementById("btn1");
        var bid2 = document.getElementById("btn2");
        bid1.disabled = false;
        bid2.disabled = true;
        bid1.value = "打开";
        bid2.value = "不能关闭";
    }
    </script> </head>
    <body>
        <div> 灯 </div>
        <form name = "regForm" id = "form1" action = "regInfo.aspx" method
= "post" target = "frame">
        <div>
        <input type = "button" id = "btn1" value = "打开" onclick = "openb()" />
        <input type = "button" id = "btn2" value = "关闭" disabled = true
onclick = "closeb()"/>
        </div>
        </form>
    </body>
    </html>
```

在 Chrome 浏览器中的运行结果如图 8-18～图 8-20 所示。

灯　单击"打开"按钮

灯　　单击"关闭"按钮

灯

| 打开 | 关闭 |　　| 不能打开 | 关闭 |　　| 打开 | 不能关闭 |

图 8-18　运行前 　　图 8-19　单击"打开"按钮后的运行结果 　　图 8-20　单击"关闭"按钮后的运行结果

任务四　文本框

　　文本框是表单中使用广泛的一种对象，它的用途是让使用者自己输入内容，再由系统获取和处理。

文本框分为单行文本框、多行文本框和密码框。

1. 单行文本框

单行文本框的 type 属性为 text，语法格式如下：

```
<input type = "text" id = "textid1" class = "txt" maxlength = "最大长度"/>
```

maxlength 属性控制用户输入的字符个数。

例如，输入用户名：

```
<div><span>用户名：</span><br/>
<input type = "text" id = "textid1" class = "txt" maxlength = "12"/>
```

2. 多行文本框

多行文本框使用标签<textarea></textarea>控制，语法格式如下：

```
<textarea id = "taid1" name = "message" rows = "行数" maxlength = "最长
字符数"
onkeypress = "return contrlString(this);">
</textarea>
```

多行文本框没有一行限制多少个字符，只有总的字符数的限制。设置了 onkeypress 事件，其值为 contrlString()函数的返回值。即键盘按键被按下并释放一次时，会返回 contrlString()函数的返回值。contrlString()函数的代码如下：

```
function contrlString(ta){
    return ta.value.length<ta.getAttrbute("maxlength");
}
```

该方法返回当前 textarea 中字符的个数与自定义字符个数的比较结果，若小于自定义字符个数，则返回 true，否则返回 false，使用户不能再输入字符。

【范例 8-12】单行文本框和多行文本框的便用。

单行文本框要求输入电话号码，多行文本框要求输入留言，不超过 30 个字符。

```
<html> <head> <title>文本框应用</title>
<script language = "javascript">
function contrlString(ta){
    var txt1 = document.getElementById("rec");
    var b = ta.value.length < ta.getAttribute("maxlength");
    if(!b) alert("达到最多字符数！");
    return b;
}
</script> </head>
<body>
<form name = "textForm" id = "form1" action = "textInfo.aspx" method = "post"
target = "frame">
    <div> <span>电话号码：</span><br/>
    <input type = "text" id = "user" class = "txt" maxlength = "11"/> </div>
    <div> <span>留言：</span><br/>
    <textarea id = "msg" name = "message" rows = "3" maxlength = "30"
onkeypress = "return contrlString(this);"></textarea> </div>
```

```
        <div>
        <input type = "submit" name = "btnSubmit" id = "btnSubmit" value =
"提交" class = "btn"/>
        <input type = "reset" name = "btnSubmit" id = "btnSubmit" value = "
重置" class = "btn"/>
        </div>
    </form>
    </body>
    </html>
```

在 Chrome 浏览器中的运行结果如图 8-21 所示。

图 8-21   运行结果

3. 密码框

密码框的 type 属性为 password，语法格式如下：

```
    <input type = "password" id = "pwd" class = "txt" maxlength = "最大长度"/>
```

maxlength 属性控制用户输入的字符个数。

【范例 8-13】单行和多行文本框的应用。

```
    <html><head><title>密码输入</title></head>
    <body>
    <form name = "regForm" id = "form1" method = "post" target = "frame">
    <div> <span>用户名：</span><br/>
    <input type = "text" id = "user" /> </div>
    <div> <span>密码：</span><br/>
    <input type = "password" id = "psw"  /> </div>
    <div>
       <input type = "submit" name = "btnSubmit" id = "btnSubmit" value = "
提交"/>
       <input type = "reset" name = "btnSubmit" id = "btnSubmit" value = "
重置"/>
    </div></form></body></html>
```

在 Chrome 浏览器中的运行结果如图 8-22 所示。

图 8-22　运行结果

任务五　单选按钮

单选按钮主要用于在表单中进行单项选择，单选按钮在使用时，通常是多个同时使用，但要求属性 name 的值相同。

1. 单选按钮的标签

单选按钮的标签格式如下：

```
<input type = "radio" …/>
```

单选按钮的 type 属性为 radio。

2. 单选按钮的常用属性

单选按钮的常用属性如下：

（1）type：组件类型，属性值为 radio。

（2）id：组件的 id。

（3）name：组件的名称。

（4）value：组件的值。

（5）checked：用于设置或者返回单选按钮的状态，为布尔类型，值为 true 或 false。在一组相同 name 属性的单选按钮中，只能有一个的 checked 属性值设置为 true。

例如：

```
<p>
<input type = "radio" id = "rid1"  name = "rn" value = "红色" checked =
"false"/>
<label for = "rid1">红色</label>
</p>
<p>
<input type = "radio" id = "rid2"  name = "rn" value = "绿色" checked =
"true"/>
<label for = "rid2">绿色</label>
</p>
```

在 Chrome 浏览器中的运行结果如图 8-23 所示。

图 8-23　运行结果

3. 查看选择的结果

在一组单选按钮中，最后一定有一个是被选中的，怎样识别出被选中的项？怎样查看选择结果？

查看选择结果的方法如下：

```javascript
var rad = document.form1.radname;
  for(var i = 0;i < rad.length;i++){
    if(rad[i].checked){
       s = rad[i].value;
       alert(s);
    }
  }
```

代码中定义了 rad，是表单 form1 的 name 属性（radname）的对象。

【范例 8-14】查看单选按钮选择的颜色。

```html
<html><head><title>单选按钮</title>
<script language = "javascript">
function getResult(){
    var rad = document.form1.rn;
    for(var i = 0; i < rad.length; i++){
       if(rad[i].checked){
           s = rad[i].value; alert("选中的项: "+s);
       }
    }
}
</script>
</head>
<body>
<form id = "form1"  method = "post" name = "form1">
选择颜色:
<p> <input type = "radio" name = "rn" id = "color1" value = "红色" checked
= "true"/>
    <label for = "color1">红色</label> </p>
    <p><input type = "radio" name = "rn" id = "color2"  value = "绿色"/>
    <label for = "color2">绿色</label> </p>
```

```
<p><input type = "radio" name = "rn" id = "color3"  value = "蓝色"/>
<label for = "color3">蓝色</label> </p>
<p><input type = "button" name = "btn" value = "查看结果" onclick =
"getResult()"/>
</p>
</form>
</body>
</html>
```

在 Chrome 浏览器中的运行结果如图 8-24 和图 8-25 所示。

图 8-24　运行结果　　　　图 8-25　查询结果提示

单击"查看结果"按钮，调用 getResult()函数，执行 alert 查看结果。

任务六　复选框

复选框与单选按钮一样，用于在表单中进行项目的选择，在使用复选框时，通常是多个复选框一组使用，其属性name的值都相同。复选框与单选按钮的区别是，复选框可以选择多项，而单选按钮只能选择一项。

1. 复选框的标签
复选框的标签格式如下：

```
<input type = "checkbox" …/>
```

复选框的 type 属性为 checkbox。

2. 复选框的常用属性
复选框的常用属性如下：

（1）type：组件类型，属性值为 checkbox。

（2）id：组件的 id。

（3）name：组件的名称。

（4）value：组件的值。

（5）checked：用于设置或者返回复选框的状态，为布尔类型，值为 true 或 false。在一组相同 name 属性的复选框中，可以有多个复选框的 checked 属性值为 true。

例如：

```
<p>
<input type = "checkbox" id = "cid1"  name = "cn" value = "红色"/>
```

```
<label for = "cid1">红色</label>
</p>
<p>
<input type = "checkbox" id = "cid2"  name = "cn" value = "绿色" checked
= "true"/>
<label for = "cid2">绿色</label>
</p>
```

在 Chrome 浏览器中的运行结果如图 8-26 所示。

图 8-26　运行结果

3. 查看选择的结果

在一组复选框中，最后有多个按钮是被选中的？怎样识别出被选中的项？怎样查看选择的结果？

查看选择结果的方法如下：

```
function getResult(){
    var i,j,check;
    var CheckBox = document.form1.cn;  //定义表单对象
    document.getElementById("lab1").innerHTML = "选择了: "; //label 标签赋初值
    for(i  =  0;i <= CheckBox.length;i++){
        if(CheckBox[i].checked){//被选中
        j = i+1;
        check = document.getElementById("cid"+j).value;   //取复选框值
        document.getElementById("lab1").innerHTML+ = check+",";//显示在
label 中
        }
    }
}
```

CheckBox 为表单对象，CheckBox.length 为复选框的个数，表单的 id 是 cn，复选框的 id 分别为 cid1,cid2,…。

document.getElementById("cid"+j).value 是第 j 个复选框的值。

document.getElementById("lab1").innerHTML 是标签 label 的标题。

【范例 8-15】查看复选框对红、绿、蓝颜色的选择结果。

```
<html><head><title>复选框</title>
<script language = "javascript">
```

```
    function getResult(){
        var i,j,check;
        var CheckBox = document.form1.cn;//定义表单对象
        document.getElementById("lab1").innerHTML = "选择了: "; //label 标签
赋初值
        for(i = 0;i <= CheckBox.length;i++){
          if(CheckBox[i].checked){//被选中
            j = i+1;
            check = document.getElementById("cid"+j).value;//取复选框值
            document.getElementById("lab1").innerHTML+ = check+",";//显示在
label 中
          }
        }
    }
    </script>
    </head>
    <body>
    <form id = "form1"  method = "post"  name = "form1">
    选择颜色:
    <p> <input type = "checkbox" id = "cid1"  name = "cn" value = "红色"/>
      <label for = "cid1">红色</label></p>
      <p> <input type = "checkbox" id = "cid2"  name = "cn" value = "绿色" checked
= "true"/>
      <label for = "cid2">绿色</label></p>
      <p> <input type = "checkbox" id = "cid3"  name = "cn" value = "蓝色" checked
= "true"/>
      <label for = "cid2">蓝色</label></p>
      <p><input type = "button" value = "查看结果" onclick = "getResult();"
/><br/><br/>
      <label id = "lab1">选择了: </label></p>
    </form>
    </body>
    </html>
```

在 Chrome 浏览器中的运行结果如图 8-27 所示。

图 8-27　运行结果

任务七　设置下拉框

下拉框是由<select>和<option>两个标签组成的表单元素，其中，<select>标签表示下拉框，<option>标签表示下拉框选中的选项。

下拉框和下拉框选中的选项的一些常用属性如下：

（1）value：指定下拉框中选项的值。

（2）text：指定下拉框的文本值，即在下拉框中显示的文本值。

（3）type：指定下拉框的类型是单选还是多选。

（4）selected：声明选项是否被选中，选中为 true，否则为 false。

（5）selectedIndex：声明被选中的选项的索引号。从 0 开始计数，若选项没有被选中，则该属性值为-1。

（6）options：下拉框选项<option>的数组。

（7）length：下拉框选项数组的长度，即下拉框选项的个数。

（8）multiple：指定下拉框为多项选择。

一、下拉框设置与访问

1. 下拉框标签

下拉框标签的格式如下：

```
<select id = "**" name = "**" …>
<option value = "**">**1</option>
<option value = "**">**2</option>
…
</select>
```

例如：

```
<select id = "color1" name = "color" >
  <option value = "c1">红色</option>
  <option value = "c2">绿色</option>
  <option value = "c3">蓝色</option>
</select>
```

运行结果为一个有红色、绿色和蓝色三种颜色可选择的下拉框，如图 8-28 所示。

图 8-28　运行结果

2. 访问下拉框中的单项选项

下拉框具有以下两个属性：

（1）selectIndex：这个属性为被选中的索引号（索引号从 0 开始），根据以上颜色的下拉框，当红色被选中时，selectIndex 为 0；当绿色被选中时，selectIndex 为 1；当蓝色被选中时，selectIndex 为 2。

（2）options：这个属性是下拉框选项数组，存放的是下拉框显示的标签值。根据以上颜色的下拉框，options[0]为红色，options[1]为绿色，options[2]为蓝色。

根据以上两个属性的性质，访问下拉框的选中项可以使用下面的语句：

```
var [下拉框对象] = document.[表单名].[下拉框名];
var i = [下拉框对象].selectedIndex;
var s = [下拉框对象].options[i].text;
```

例如，表单 name 属性值为 fm，下拉框 name 属性为 color。访问的代码如下：

```
var sel = document.fm.color;
var i = sel.selectedIndex;
var s = sel.options[i].text;
```

最后，i 表示选中的是第几项，s 表示选中的显示标签。

【范例 8-16】访问下拉框的选项。

```
<html><head><title>下拉框</title>
<script language = "javascript">
function getColor(){
    var sel = document.fm.color;
    var i = sel.selectedIndex;
    var s = sel.options[i].text;
    i++;
    alert("选择了第"+i+"项，选择的颜色是："+s);
}
</script>
</head>
<body>
<form name = "fm" id = "form1"  method = "post">选择颜色：
<p><select id = "selc" name = "color" size = "1" title = "颜色">
<option value = "c1">红色</option>
<option value = "c2">绿色</option>
<option value = "c3">蓝色</option>
</select></p>
<p><input type = "button" value = "显示选择结果：" name = "btn" onclick = 
"getColor();"/></p>
</form>
</body>
</html>
```

在 Chrome 浏览器中的运行结果如图 8-29～图 8-31 所示。

图 8-29　运行结果　　　　　图 8-30　选择选项

图 8-31　选择提示

3. 下拉框的多项选择

下拉框常用的功能是单项选择，但也可以进行多项选择，当按下 Ctrl 键后便可以进行多项选择。

多项选择下拉框的属性设置中，有两个主要属性：

（1）multiple：指定下拉框为多项选择下拉框，值为 multiple。

（2）style：指定下拉框的类型，其值为框的高度，例如，height:100px。

另外，多项选择下拉框还要用到的一个属性是 selected。selected 属性被选中时，其值为 true。

设置下拉框的多项选择时，使用下面的语句：

```
<script language = "javascript">
var [下拉框对象] = document.[表单名].[下拉菜单名];
var results = "";
for(i = 0; i<[下拉框对象].options.length; i++){
    if([下拉框对象].options[i].selected){
        results += [下拉框对象].options[i].text+" " ;
    }
}
</script>
<select id = "selc" name = "color" style = "height:100px" multiple =
"multiple">
    ...
</select>
```

利用对数组 options 的遍历，并通过 selected 的值判断下拉框对象是否被选中。被选中的下拉框对象显示的标签值被记录在 results 变量中。

例如，表单的 name 属性值为 fm，下拉框的 name 属性为 color。访问的代码如下：

```
var sel = document.fm.color;
var results = "";
for(i = 0; i<sel.options.length; i++) {
    if(sel.options[i].selected){
        results += sel.options[i].text+", " ;
```

```
        }
    }
```

最后，results 记录被选中的所有显示标签，各显示标签用分号分隔。

【范例 8-17】下拉框的多项选项。

```
<html><head><title>下拉</title>
<script language = "javascript">
function getColor(){
    var sel = document.fm.color;
    var results = "";
    for(i = 0; i<sel.options.length; i++) {
      if(sel.options[i].selected){
          results += sel.options[i].text+", " ;
      }
    }
    alert("选择的颜色有："+results);
}
</script> </head>
<body>
<form name = "fm" id = "form1"  method = "post">选择颜色：
<p><select id = "selc" name = "color" title = "颜色"  style = "height:100px"
multiple = "multiple">
<option value = "c1">红色</option>
<option value = "c2">绿色</option>
<option value = "c3">蓝色</option>
</select></p>
<p><input type = "button" value = "显示选择结果：" name = "btn" onclick =
"getColor();"/></p>
</form></body>
</html>
```

在 Chrome 浏览器中的运行结果如图 8-32 和图 8-33 所示。结果选择了绿色和蓝色两项。

图 8-32 运行结果   图 8-33 选择提示

二、下拉框选项的动态操作

在一些网站开发中，有时需要更改下拉框中的选项内容，也就要求能动态地操作下拉框选项，如添加选项、删除选项和替换选项。

1. 添加选项

添加选项的语法格式如下：

```
var [选项对象] = new Option([添加的显示文本],[添加的选项名]);
document.[表单名].[下拉框名].add([选项对象]);
```

例如，表单的 name 属性值为 fm，下拉框的 name 属性为 color。添加一个"黄色"选项的代码如下：

```
var op = new Option("黄色","c4");
document.fm.color.add(op);
```

结果将会在下拉框中添加一个"黄色"选项。

2. 删除选项

若要删除被选中的选项，则可用如下语句：

```
var [下拉框对象] = document.getElementById([下拉框id]);
[下拉框对象].remove([下拉框对象].selectedIndex);
```

其中，selectedIndex 是选中的索引号。例如，若下拉框 id 为 selc，则：

```
var sel = document.getElementById("selc");
sel.remove(sel.selectedIndex);
```

将删除在下拉框中选中的项。

若要删除排列在后面的选项或者删除全部选项，则还可以利用下拉框长度来操作。例如：

```
var sel = document.getElementById("selc");
sel.length = 1;
```

上述代码删除了下拉框中除第一项以外的所有项，全部删除时=0。

3. 替换选项

替换选项的操作方法是先添加一个选项，然后把新添加的选项赋值给要替换的选项。

替换选项的语法格式如下：

```
var [下拉框对象] = document.[表单名].[下拉菜单名];
var [选项对象] = new Option([添加的显示文本],[添加的选项名]);
[下拉框对象].options[index] = [选项对象];
```

例如，表单的 name 属性值为 fm，下拉框的 name 属性为 color，替换第 2 项为"黑色"的代码如下：

```
var index = 2;
var col = document.fm.color;
var op = new Option("黑色","c5");
col.options[index] = op;
```

结果将第 2 项替换成"黑色"。

【范例 8-18】对下拉框选项的动态操作。

```html
<html>
<head>
<title>下拉框动态操作</title>
<script language = "javascript">
function add(){     /*添加选项*/
   var op = new Option("黄色","c4");    //定义一个"黄色"选项
   document.fm.color.add(op);           //添加到下拉框中
   alert("添加!");
}
function del(){       /*删除选项*/
   var sel = document.getElementById("selc");    //定义下拉框对象
   sel.remove(sel.selectedIndex);                //删除选中的项
   alert("删除! ");
}
function modify(index){        /*替换选项*/
   var col = document.fm.color;                //定义一个下拉框对象 col
   var op = new Option("黑色","c5");           //定义一个"黑色"选项
   col.options[index] = op;                    //把"黑色"选项内容赋值给（替换）
第 index 项内容
   alert("替换! ");
}
</script></head><body>
<form name = "fm" id = "form1" method = "post"> 下拉框选项的动态操作:
<p><select id = "selc" name = "color"  multiple = "multiple" style = "height:
100px" >
<option value = "c1">红色</option>
<option value = "c2">绿色</option>
<option value = "c3">蓝色</option>
</select></p>
<p><input type = "button" value = "添加黄色选项" name = "btn" onclick =
"add();" />
   <input type = "button" value = "删除被选中的项" name = "btn" onclick =
"del();" />
   <input type = "button" value = "第 1 项替换为黑色" name = "btn" onclick =
"modify(0);" /></p>
</form>
</body>
</html>
```

在 Chrome 浏览器中的运行结果如图 8-34～图 8-36 所示。

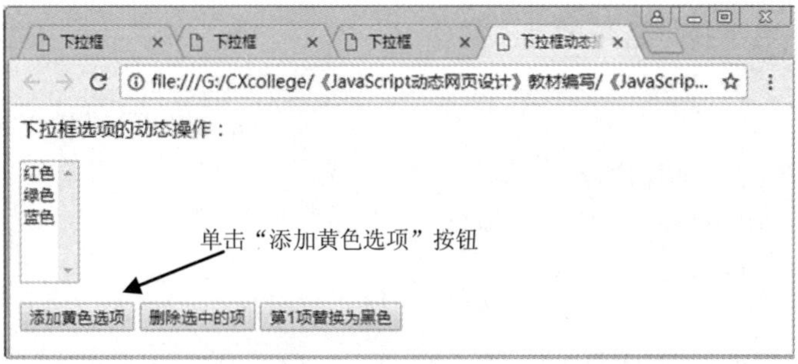

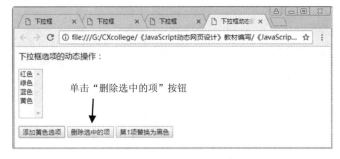

图 8-34　添加选项

图 8-35　删除选项

图 8-36　替换选项

任务八　表格与表单设计

编写一个程序，能够把图书室的教材动态地放入一个下拉框中，并可以用所有的教材随机生成一个带有序号的、两列的教材表。

1. 输入表单中的教材名称和添加教材的按钮设计

根据任务要求，要创建一个能输入教材名称的文本框和一个按钮，按钮用于添加输入文本框中的教材名称到下拉框中。文本框和按钮的格式如图 8-37 所示。

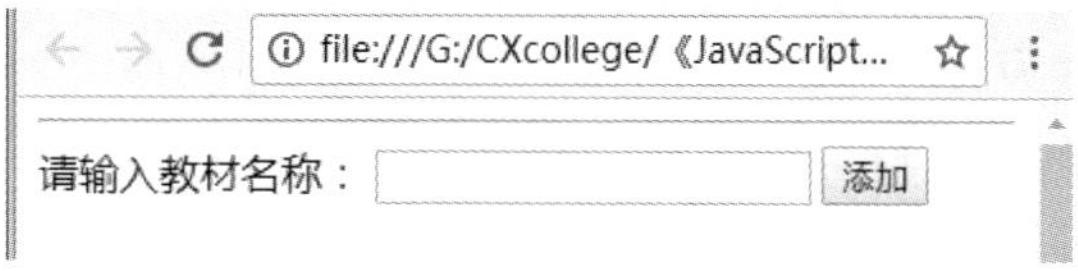

图 8-37　文本框和按钮的格式

代码如下：

```
<form name = "fm" id = "form1"  method = "post">
<!--表单--><hr>请输入教材名称：
<input type = "text" name = "product1" id = "prot1"/>
<input type = "button" value = "添加" name = "btn1" onclick = "addProtuct();"
/><br/>
</form>
```

2. 教材名称的下拉框设计

把原有的教材名称和新添加的教材名称都放入一个下拉框中。同时设计将下拉框中的教材名称部分删除和全部删除的功能，以及用下拉框中的教材名称生成一个表格的功能。对下拉框的全部操作都使用按钮来完成。实现的页面效果如图 8-38 所示。

图 8-38　页面效果

代码如下：

```
<p><select id = "selc" name = "color"  multiple = "multiple" style = "height:
100px" >
<option value = "prot1"> C 语言程序设计   </option>
<option value = "prot1"> 数据库技术   </option>
</select>
<input type = "button" value = "删除被选中的项" name = "btn1" onclick =
"del();"/><br/>
<input type = "button" value = "生成表格" name = "btn2" onclick = "createTable
();"/>
<input type = "button" value = "清除表格" name = "btn3" onclick = "deleteTable
();"/>
</p>
```

在上述代码中，预先在下拉框中放入了两个教材的名称，并设计了 3 个按钮。

3. 生成表格的格式设计

如果要把下拉框中的教材名称生成一个表格，那么首先应设计一个表格格式，如图 8-39 所示。

图 8-39　表格格式

代码如下：

```
    <table id = "tid1" name = "tab1" width = "300" height = "20" border = "1"
summary = "教材列表" >
    <caption>教材表</caption>
    <th>序号</th> <th>教材名</th><br/>
    </table>
```

4. 功能设计

根据以上设计思路，需要添加的功能设计有 4 个，包括添加、删除被选中的项、清除表格和生成表格，如图 8-40 所示。

图 8-40　功能设计

添加功能的代码如下：

```
    <script language = "javascript">
    function addProtuct(){ /*添加选项*/
        alert("添加！");
        var protu = document.getElementById("prot1").value;
        var op = new Option(protu,"protx");   //定义选项
```

```
                document.fm.color.add(op);              //添加到下拉菜单中
    }
    </script>
```

删除被选中的项功能的代码如下：

```
<script language = "javascript">
function del(){ /*删除选项*/
    alert("删除选中项！");
    var sel = document.getElementById("selc");    //定义下拉框对象
    sel.remove(sel.selectedIndex);                //删除被选中的项
}
</script>
```

清除表格功能的代码如下：

```
<script language = "javascript">
function deleteTable(){/*清除表格*/
    var table = document.getElementById("tid1");
    var trs = table.getElementsByTagName("tr");
    for(var i = trs.length - 1;i > 0;i--){
        table.deleteRow(i);
    }
}
</script>
```

生成表格功能的代码如下：

```
<script language = "javascript">
function createTable(){/*生成表格*/
    var i,k,n;
     alert("生成表格！");
    deleteTable();
    k = document.getElementById("selc").length;
    for(n = 1;n <= k;n++){
      var row = document.getElementById("tid1").insertRow(n);
      var v1 = new Array(2);
      v1[0] = document.createTextNode(n.toString());
     var s = document.getElementById("selc").options[n-1].text;
      v1[1] = document.createTextNode(s);
      for(i = 0;i<v1.length;i++){
          var cell = row.insertCell(i);
          cell.appendChild(v1[i]);
      }
    }
}
```

在 Chrome 浏览器中的运行结果如图 8-41～图 8-43 所示。

图 8-41　初始页面　　　　　　　　　　　图 8-42　单击"添加"按钮

图 8-43　单击"生成表格"按钮

任务九　项目实施

一、任务目标

（1）熟练掌握 JavaScript 的表单验证思路。
（2）熟练掌握表单元素的事件处理机制。

二、任务内容

制作一个"创新平台会员注册"的网页。

假设有一个创新平台网站，每天有约 50 名用户注册并使用它的服务。当检查数据库录入项时，发现用户提供的大部分信息都是错误的，例如，电子邮件地址是"abcd#xyz.com"，电话号码是"adk12*#&"，出生日期显示申请人已超过百岁等。

在看到这些无效数据之后，该网站的设计人员或程序员会思考哪里出错了。问题出在用户提交注册表单的数据到达数据库之前，表单验证这个重要的步骤被忽略了。

JavaScript 最常用的方法之一就是对注册的表单进行验证，对于检查用户的输入错误和遗漏，使用 JavaScript 是一种十分便捷的方法。注册验证页面如图 8-44 所示。

在进行表单验证时，若发生下列情况，则显示警告信息。

（1）"会员名"文本框为空白。

（2）"性别"未选择。

（3）输入的密码少于 6 个字符。

（4）指定的电子邮件地址中没有"@"字符。

（5）年龄不在 1～99 的范围内或为空白。

图 8-44　注册验证页面

三、操作步骤

（1）页面设计

便用 Dreamweaver 设计页面，设置每个表单元素的名称，如图 8-45 所示。

图 8-45　注册验证页面设计

（2）核心代码设计

网页代码如下：

```html
<body>
<form name = "reg_form" onSubmit = "return validate()" action = "submit.htm">
<p> ==== 创新平台会员注册 ==== </p>
<hr>
会员名: <input type = "text" name = "uname">  <br/>
性别: <input type = "radio" name = "gender" value = "男">男
    <input type = "radio" name = "gender" value = "女">女<br/>
```

```
密码: <input type = "password" name = "password" id = "password"><br/>
电子邮件地址: <input type = "text" name = "email" id = "email"><br/>
年龄: <input type = "text" name = "age"><br/>
<input type = "submit" name = "submit" value = " 注  册  ">
</form>
</body>
```

表单验证函数 validate()的代码如下:

```
<script language = "javascript">
function validate(){
    f = document.reg_form;
    if(f.uname.value == ""){ //会员验证
    alert("请输入姓名");
    f.uname.focuts();
    return false;
    }
    if(f.gender[0].checked == false&&f.gender[1].checked == false){//
性别验证
    alert("请指定性别");
    f.gender[0].focuts();
    return false;
    }
    if(f.password.value.length<6 || f.password.value == ""){//密码验证
    alert("请输入至少 6 个字符的密码! ");
    f.password.focuts();
    return false;
    }
    q = f.email.value.indexOf("@");//邮箱验证
    if(q == -1){
    alert("请输入有效的电子邮件地址");
    f.email.focuts();
    return false;
    }
    if(f.age.value<1 || f.age.value>99 ){//年龄验证
    alert("请输入有效的年龄! ");
    f.age.focuts();
    return false;
    }
}
</script>
```

四、拓展内容

在完成以上要求的实训内容后,可以实现更进一步的验证要求。例如:

(1)对长度验证单独设计一个数据长度验证函数,如 length_valid()。

(2)验证必填项。

(3)对邮箱进一步加大验证内容,例如,同时对 "@" 和 "." 字符进行验证。

(4)要求密码中同时包含字母和数字字符,并在 8 个字符以上。

制作公告栏

本项目主要内容

➢ 事件的处理方式

➢ 常用事件介绍

➢ 制作公告栏

网页公告栏的效果是在网页的显眼位置显示最新公告，通常公告文字以滚动的形式播放。滚动文字通常是公告的标题，并以链接的形式存在。当用户移动鼠标指针到公告文字上时，文字暂停滚动，以方便用户单击公告标题查看内容。当用户将鼠标指针移出公告栏时，文字恢复滚动，不久又从初始位置重新开始滚动。

制作公告栏涉及定时器的使用和鼠标事件的处理，下面介绍一下 JavaScript 中的事件处理。

任务一 事件的处理方式

HTML DOM 事件允许 JavaScript 在 HTML 文档元素中注册不同的事件处理程序。事件通常与函数结合使用，在事件发生时，函数才会执行。处理事件的函数通常以 Event 对象作为参数，该对象记录了事件的状态，比如事件发生时的元素、键盘按键的状态、鼠标的位置、鼠标按钮的状态等。有了事件的状态信息，才能用 JavaScript 代码对事件做出判断和响应。

假设页面中有一个 id 为 button1 的按钮，HTML 代码如下：

```
<input type = "button" id = "button1" value = "按钮"/>
```

下面以按钮的单击事件为例，介绍常用的 3 种处理事件的方法。

一、利用 HTML 事件属性

如果需要向 HTML 元素分配事件，那么可以使用事件属性。实现按钮的单击事件，需要事先写好自定义函数，如 demo()：

```
<script language = "javascript">
 function demo()
 {
     alert("单击了按钮");
 }
</script>
```

再给按钮添加 onclick 属性，代码如下：

```
<input type = "button" id = "button1" value = "按钮" onclick = "demo()" />
```

二、使用 HTML DOM 分配事件

HTML DOM 允许通过使用 JavaScript 向 HTML 元素分配事件。给按钮分配 onclick 事件的代码如下：

```
<script language = "javascript">
 var bt = document.getElementById("button1");
 bt.onclick = function(){ //匿名函数
     alert("单击了按钮");
 };
</script>
```

值得注意的是，上述 JavaScript 代码必须在按钮的 HTML 源代码加载完毕后再调用，否则会出现找不到按钮的错误。如果要消除事件，那么只需将 bt.onclick 设置为 null，之后就不会再弹出对话框了。

三、使用 addEventListener()方法添加事件

DOM 元素的 addEventListener()方法用于向指定元素添加事件句柄，单击按钮事件的实现代码如下：

```
<script language = "javascript">
 var bt = document.getElementById("button1");
 bt.addEventListener(
     "click",
     function(){ alert("单击了按钮 3");},
     false);
</script>
```

addEventListener(event, function, useCapture)方法有 3 个参数，具体含义如下：

（1）event：必须参数。字符串，指定事件名。注意不要使用"on"前缀，例如，使用"click"而不是使用"onclick"。

（2）function：必须参数。指定事件触发时要执行的函数。

（3）useCapture：可选参数。布尔值，指定事件是否在捕获或冒泡阶段执行。true 是指事件句柄在捕获阶段执行；false 为默认，是指事件句柄在冒泡阶段执行。

任务二　常用事件介绍

网页中的每个元素都可以产生某些可以触发 JavaScript 函数的事件，当事件被触发时就会启动一段 JavaScript 代码。常用事件有单击事件、加载事件、键盘事件、鼠标事件、焦点事件和提交事件。下面是 HTML DOM 的常用事件列表，可用于定义事件的行为。

表 9-1　常见事件列表

事　　件	描　　述	事　　件	描　　述
onabort	图像的加载被中断	onmouseenter	鼠标指针移到元素上（不支持冒泡）
onblur	元素失去焦点	onmouseleave	鼠标指针移出元素时（不支持冒泡）
onchange	域的内容被改变	onmousemove	鼠标指针被移动
onclick	当用户单击某个对象时调用的事件句柄	onmouseout	鼠标指针从移出元素时
ondblclick	当用户双击某个对象时调用的事件句柄	onmouseover	鼠标指针移到元素上
onerror	在加载文档或图像时发生错误	onmouseup	鼠标按键被松开
onfocus	元素获得焦点	onreset	重置按钮被单击
onkeydown	某个键盘按键被按下	onresize	窗口或框架被重新调整大小
onkeypress	某个键盘按键被按下并松开	onselect	文本被选中
onkeyup	某个键盘按键被松开	onsubmit	确认按钮被单击
onload	一个页面或一幅图像完成加载	onunload	用户退出页面
onmousedown	鼠标按钮被按下		

一、单击事件

onclick（单击）事件会在对象被单击时被触发，大部分 HTML 标签都支持该事件。onclick 与 onmousedown 不同，单击事件是在同一元素上发生了鼠标按下事件之后又发生了鼠标松开事件。

【范例 9-1】创建页面 9-1.html，向页面中添加一个按钮，实现单击按钮时弹出"世界，你好！"。

创建网页 9-1.html，网页的主要代码如下：

```html
<head>
<meta http-equiv = "Content-Type" content = "text/html; charset = utf-8"/>
<title>单击事件</title>
</head>
<body>
<input type = "submit" name = "bt01" id = "bt01" value = "提交">
<script language = "javascript">
 var bt = document.getElementById("bt01");
 bt.onclick = function(){
      alert("世界，你好！");
```

```
    };
    </script>
    </body>
```

在 Chrome 浏览器中的运行结果如图 9-1 所示。

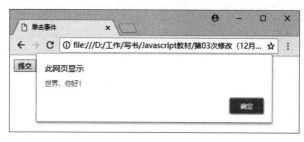

图 9-1　onclick 事件

【程序分析】

代码 document.getElementById("bt01")的作用是获取 id 为 bt01 的按钮对象，为了能正常获取到按钮对象，必须将这句代码写在按钮标签之后。代码 bt.onclick = function(){…} 的作用是给按钮对象 bt 的 onclick 事件指定函数，当单击事件发生时，指定的匿名函数中的代码就会被执行。

二、加载事件

onload（加载）事件会在页面或图像加载完成后立即被触发。支持该事件的 HTML 标签有：\<body>、\<frame>、\<frameset>、\<iframe>、\<img>、\<link>和\<script>。支持该事件的 JavaScript 对象有：image、layer 和 window。

window.onload 事件可以设置页面加载完毕后欲执行的 JavaScript 代码。在范例 9-1 中，为了能获取到按钮对象，应将 document.getElementById("bt01")写在按钮标签之后，这样的写法不太方便。结合加载事件可以将其改写成如下形式：

```
<head>
<meta http-equiv = "Content-Type" content = "text/html; charset = utf-8"/>
<title>单击事件</title>
<script language = "javascript">
window.onload = function(){ //页面加载事件
var bt = document.getElementById("bt01");
    bt.onclick = function(){
     alert("世界，你好！");
    };
}
</script>
</head>
<body>
<input type = "submit" name = "bt01" id = "bt01" value = "提交">
</body>
```

代码 window.onload = function(){…}的作用是，在页面加载完毕后执行指定匿名函数中的代码。这样就能保证在按钮标签加载完毕后，才通过 id 获取按钮对象，避免了获取不到对象的错误。

三、键盘事件

键盘事件包括 3 类：onkeydown 事件、onkeypress 事件和 onkeyup 事件。onkeydown 事件会在用户按下一个键盘按键时被触发；onkeypress 事件会在一个键盘按键被按下并松开一次时被触发；onkeyup 事件会在键盘按键被松开时被触发。大部分 HTML 标签都支持该事件，支持该事件的 JavaScript 对象有：document、image、link 和 textarea。

在处理鼠标和键盘事件时，处理函数的参数是一个 event 对象，该对象记录了事件的状态，如鼠标位置、触发事件的元素、按键等信息。

1. onkeydown 事件

用户按下一个键盘按键时会触发 onkeydown 事件，可以通过事件参数 event 获取按下的字符。在 IE 和 Chrome 浏览器中使用 event.keyCode 取回被按下的字符，而在 Netscape、Firefox 和 Opera 等浏览器中使用 event.which 取回被按下的字符。event.keyCode/event.which 得到的是一个按键对应的数字值（Unicode 编码）。

【范例 9-2】创建页面 9-2.html，向页面中添加一个文本框和一对<span></span>标签，实现当向文本框中输入字符时，<span>标签中显示该字符的键码值。

创建网页 9-2.html，引入脚本文件 js/js9-2.js，网页的主要代码如下：

```html
<head>
<meta http-equiv = "Content-Type" content = "text/html; charset = utf-8"/>
<title> onkeydown 事件--求键码值(含功能键)</title>
<script src = "js/js9-2.js" type = "text/javascript"></script>
</head>
<body>
<input type = "text" name = "tf01" id = "tf01">
<span id = "txt"></span>
</body>
```

在脚本文件 js/js9-2.js 中添加如下代码：

```javascript
window.onload = function(){
 var txt = document.getElementById("txt");
 var tf = document.getElementById("tf01");
 tf.onkeydown = function(e){
     tf.value = "";   //先清空
     //Internet Explorer/Chrome 使用 event.keyCode 取回被按下的字符
     //而 Netscape/Firefox/Opera 使用 event.which 取回被按下的字符
     var keyNum = window.event ? e.keyCode : e.which;   //条件表达式
     txt.innerHTML = "键码值 = " + keyNum;
 };
 }
```

按下 Ctrl 键后，在 Chrome 浏览器中的运行结果如图 9-2 所示。

图 9-2　onkeydown 事件

【程序分析】

代码 tf.onkeydown = function(e){…}中的参数 e 用于取回被按下的字符，代码 txt.inner HTML 用于修改标签<span></span>之间的 HTML 内容。

onkeydown 事件总是在按键被按下的当时触发，不能得到最后输入的字符，onkeypress 事件也是如此。比如本例中，当事件发生时，用 tf.value 来获取文本框中的字符时，将不能获取到刚刚按下的字符。

2. onkeypress 事件

onkeypress 事件会在一个键盘按键被按下并松开一次时发生。与 onkeydown 事件不同的是，onkeypress 事件只响应字符键被按下，而 onkeydown 事件则能响应任意键被按下，包括功能键。因此 onkeypress 主要用来获取被按下的字符。

【范例 9-3】创建页面 9-3.html，向页面中添加一个文本框和一对<span></span>标签，实现当向文本框中输入字符时，<span>标签中显示该字符的键码值。

创建网页 9-3.html，引入脚本文件 js/js9-3.js，网页的主要代码如下：

```html
<head>
<meta http-equiv = "Content-Type" content = "text/html; charset = utf-8"/>
<title>onkeypress 事件--求键码值(不含功能键)</title>
<script src = "js/js9-3.js" type = "text/javascript"></script>
</head>
<body>
<input type = "text" name = "tf01" id = "tf01">
<span id = "txt"></span>
</body>
```

在脚本文件 js/js9-3.js 中添加如下代码：

```javascript
window.onload = function(){
  var txt = document.getElementById("txt");
  var tf = document.getElementById("tf01");
  tf.onkeypress = function(e){
      tf.value = "";  //先清空
      //Internet Explorer/Chrome 使用 event.keyCode 取回被按下的字符
      //而 Netscape/Firefox/Opera 使用 event.which 取回被按下的字符
      var keyNum = window.event ? e.keyCode : e.which;  //条件表达式
```

```
        txt.innerHTML = "键码值 = " + keyNum;
    };
}
```

向文本框中输入字母 a，在 Chrome 浏览器中的运行结果如图 9-3 所示。

图 9-3　onkeypress 事件

【程序分析】

与 onkeydown 事件不同，本例无法响应如 Ctrl、Alt、Shift 和 F1～F12 等功能键。onkeypress 事件的 keyCode 对字母的大小写敏感，而 onkeydown、onkeyup 事件对字母的大小写不敏感。

3. onkeyup 事件

onkeyup 事件在用户将按键松开时才会被触发，属于整个按键过程中的最后阶段。只有 onkeyup 事件能获得修改后的文本值，而 onkeydown 事件和 onkeypress 事件总是无法获取最后一个字符。

【范例 9-4】创建页面 9-4.html，向页面中添加一个文本框和一对<span></span>标签，实现只能向文本框中输入数字，当输入其他字符时，会在<span>标签中显示错误提示。

创建网页 9-4.html，引入脚本文件 js/js9-4.js，网页的主要代码如下：

```
<head>
<meta http-equiv = "Content-Type" content = "text/html; charset = utf-8"/>
<title>onkeyup 事件--只能输入数字</title>
<script src = "js/js9-4.js" type = "text/javascript"></script>
</head>
<body>
<input type = "text" name = "tf01" id = "tf01">
<span id = "txt"></span>
</body>
```

在脚本文件 js/js9-4.js 中添加如下代码：

```
window.onload = function(){
  var txt = document.getElementById("txt");
  var tf = document.getElementById("tf01");
  //var tfValue = "";
  tf.onkeyup = function(e){
      var keyNum = window.event ? e.keyCode : e.which;    //条件表达式
      var ch = String.fromCharCode(keyNum); //键码值转字符
```

```
            if(ch<'0' || ch>'9')     //非数字
            {
                txt.innerHTML = ch + " 不是数字";
                var str1 = tf.value;   //取出文本框中的内容
                //不显示非数字
                tf.value = str1.substr(0, str1.length-1);
            }
            else
            {
                txt.innerHTML = "";
            }
        };
    }
```

当向文本框中输入 123R 时，在 Chrome 浏览器中的运行结果如图 9-4 所示。

图 9-4　onkeyup 事件

【程序分析】

代码 String.fromCharCode(keyNum)能将键码值 keyNum 转换成对应的字符；代码 if(ch<'0' || ch>'9')用于判断字符 ch 是否属于非数字字符，若 ch 不是数字，则用 str1.substr(0, str1.length-1)将文本框中的字符的最后一位去除，这样就实现了非数字不能输入的效果。

四、鼠标事件

鼠标事件包括 onmousedown 事件、onmouseenter 事件、onmouseleave 事件、onmousemove 事件、onmouseout 事件、onmouseover 事件、onmouseup 事件等。大部分 HTML 标签都支持鼠标事件。

1. onmousedown 与 onmouseup 事件

鼠标按键被按下时会触发 onmousedown 事件，鼠标按键被松开时会触发 onmouseup 事件，而单击鼠标后会触发 onclick 事件，包含了鼠标按键按下与松开两个过程。

【范例 9-5】创建页面 9-5.html，向页面中添加一个图片和一对<div></div>标签，实现在图片上单击鼠标时，向<div>标签中写入相应的文字。

创建网页 9-5.html，引入脚本文件 js/js9-5.js，网页的主要代码如下：

```html
<head>
<meta http-equiv = "Content-Type" content = "text/html; charset = utf-8"/>
<title>onmousedown, onmouseup 与 onclick 事件</title>
```

```
<script src = "js/js9-5.js" type = "text/javascript"></script>
<style type = "text/css">
#txt{width:200px; border:1px solid #000; min-height:80px;}
</style>
</head>
<body>
<img id = "tp01" src = "imgs/tp9-5.jpg" width = "171" height = "114">
<div id = "txt"></div>
</body>
```

在脚本文件 js/js9-5.js 中添加如下代码:

```
window.onload = function(){
 var txt = document.getElementById("txt");
 var tp = document.getElementById("tp01");
 tp.onmousedown = function(){
    txt.innerHTML = txt.innerHTML + "<br>鼠标按下";
 };
 tp.onmouseup = function(){
    txt.innerHTML = txt.innerHTML + "<br>鼠标松开";
 };
 tp.onclick = function(){
    txt.innerHTML = txt.innerHTML + "<br>一次单击";
 };
}
```

单击图片后,在 Chrome 浏览器中的运行结果如图 9-5 所示。

（实际效果）

图 9-5　鼠标事件

【程序分析】

从运行结果可以看出,单击鼠标时会依次触发 onmousedown 事件、onmouseup 事件和 onclick 事件。

2. onmouseover 与 onmouseenter 事件

onmouseover 和 onmouseenter 事件都为在鼠标指针移到某元素之上时被触发,区别是

onmouseenter 事件不支持冒泡。事件冒泡是指当一个元素接收到事件时，会把它接收到的事件传给自己的上级元素，一直到 window 对象。

【范例 9-6】创建页面 9-6.html，向页面中添加两对<div></div>标签，在第一对<div>标签中插入图片，实现鼠标指针进入图片时，向第二对<div>标签中写入相应的文字。

创建网页 9-6.html，引入脚本文件 js/js9-6.js，网页的主要代码如下：

```html
<head>
<meta http-equiv = "Content-Type" content = "text/html; charset = utf-8"/>
<title>onmouseover 与 onmouseenter 事件</title>
<script src = "js/js9-6.js" type = "text/javascript"></script>
<style type = "text/css">
#fDiv{width:200px; padding:20px; border:1px solid #000;}
#txt{width:200px; border:1px solid #000; min-height:80px; margin-top:10px;}
</style>
</head>
<body>
<div id = "fDiv">
<img id = "tp01" src = "imgs/tp9-5.jpg" width = "171" height = "114">
</div>
<div id = "txt"></div>
</body>
```

在脚本文件 js9-6.js 中添加如下代码：

```javascript
window.onload = function(){
 var txt = document.getElementById("txt");  //记录文字的层
 var tp = document.getElementById("tp01");  //图片
 var fDiv = document.getElementById("fDiv");//图片所在的父层
 tp.onmouseenter = function(){
     txt.innerHTML = txt.innerHTML + "鼠标 enter 图片<br>";
 };
 tp.onmouseover = function(){
     txt.innerHTML = txt.innerHTML + "鼠标 over 图片<br>";
 };
 fDiv.onmouseenter = function(){
     txt.innerHTML = txt.innerHTML + "鼠标 enter 父层<br>";
 };
 fDiv.onmouseover = function(){
     txt.innerHTML = txt.innerHTML + "鼠标 over 父层<br>";
 };
}
```

当鼠标指针进入图片所在的层时，在 Chrome 浏览器中的运行结果如图 9-6 所示。

（实际效果）

图 9-6　鼠标指针进入图片

继续移动鼠标，当鼠标指针进入图片时，在 Chrome 浏览器中的运行结果如图 9-7 所示。

（实际效果）

图 9-7　鼠标指针进入图片

【程序分析】

对比两张效果图可以看出，当鼠标指针进入图片的父层时（鼠标指针未进入图片）会触发父层的 mouseenter 和 mouseover 事件；当鼠标指针继续进入图片时，不仅触发了图片的 mouseenter 和 mouseover 事件，而且触发了父层的 mouseover 事件，但父层的 mouseenter 事件没有被触发。由此可见，mouseover 事件被向上传递给了父层，而 mouseenter 事件没有被传递。

3. onmouseout 与 onmouseleave 事件

onmouseout 事件与 onmouseleave 事件类似，会在鼠标指针移出指定的对象时被触发，区别是 onmouseleave 事件不支持冒泡。

【范例 9-7】创建页面 9-7.html，向页面中添加两对<div></div>标签，在第一对<div>标签中插入图片，实现鼠标指针进入图片时，向第二对<div>标签中写入相应的文字。

创建网页 9-7.html，引入脚本文件 js/js9-7.js，网页的主要代码如下：

```
<head>
<meta http-equiv = "Content-Type" content = "text/html; charset = utf-8"/>
```

```
<title>onmouseout 与 onmouseleave 事件</title>
<script src = "js/js9-7.js" type = "text/javascript"></script>
<style type = "text/css">
#fDiv{width:200px; padding:20px; border:1px solid #000;}
#txt{width:200px; border:1px solid #000; min-height:80px; margin-
top:10px;}
</style>
</head>
<body>
<div id = "fDiv">
<img id = "tp01" src = "imgs/tp9-5.jpg" width = "171" height = "114">
</div>
<div id = "txt"></div>
</body>
```

在脚本文件 js/js9-7.js 中添加如下代码：

```
window.onload = function(){
var txt = document.getElementById("txt");     //记录文字的层
var tp = document.getElementById("tp01");      //图片
var fDiv = document.getElementById("fDiv");//图片所在的父层
tp.onmouseout = function(){
    txt.innerHTML = txt.innerHTML + "鼠标 out 图片<br>";
  };
tp.onmouseleave = function(){
    txt.innerHTML = txt.innerHTML + "鼠标 leave 图片<br>";
  };
fDiv.onmouseout = function(){
    txt.innerHTML = txt.innerHTML + "鼠标 out 父层<br>";
  };
fDiv.onmouseleave = function(){
    txt.innerHTML = txt.innerHTML + "鼠标 leave 父层<br>";
  };
}
```

将鼠标指针从图片上移动到其父层的空白处，在 Chrome 浏览器中的运行结果如图 9-8 所示。

图 9-8　鼠标指针移出图片

【程序分析】

从运行结果可以看出,当鼠标指针移出图片而还未移动到其父层之外时,图片的 mouseout 事件和 mouseleave 事件被触发,父层的 mouseout 事件也被触发,但父层的 mouseleave 事件未被触发。由此可见,图片将 mouseout 事件向上传递给了父层,而 mouseleave 事件没有被传递。

在实际应用中,鼠标指针进入和移出的事件两两配对,onmouseover 与 onmouseout 一起使用,onmouseenter 与 onmouseleave 一起使用,不能混合使用。

4. onmousemove 事件

onmousemove 事件会在鼠标指针移动时发生。该事件应当审慎使用,因为鼠标指针每移动 1 像素,就会触发一次 mousemove 事件。处理所有 mousemove 事件会耗费系统很多资源。

【范例 9-8】创建页面 9-8.html,向页面中添加两对<div></div>标签,在第一对<div>标签中插入图片,实现当鼠标指针进入图片时,向第二对<div>标签中写入相应的文字。

创建网页 9-8.html,引入脚本文件 js/js9-8.js,网页的主要代码如下:

```
<head>
<meta http-equiv = "Content-Type" content = "text/html; charset = utf-8"/>
<title>onmousemove 事件</title>
<script src = "js/js9-8.js" type = "text/javascript"></script>
<style type = "text/css">
#fDiv{ width:200px; border:1px solid #000; height:150px; margin:30px;}
</style>
</head>
<body>
<div id = "fDiv"></div>
</body>
```

在脚本文件 js/js9-8.js 中添加如下代码:

```
window.onload = function(){
var fDiv = document.getElementById("fDiv");
fDiv.onmousemove = function(e){
    var x = e.clientX;        //鼠标的 x 轴坐标
    var y = e.clientY;        //鼠标的 y 轴坐标
    fDiv.innerHTML = "(" + x + "," + y + ")";
};
fDiv.onmouseout = function(){
    fDiv.innerHTML = "鼠标移出";
};
}
```

当鼠标指针在层的范围内移动时,层中显示的坐标不断变化,在 Chrome 浏览器中的运行结果如图 9-9 所示。

【程序分析】

onmousemove 事件处理函数的参数是一个 event 对象,该对象记录了事件的状态,包括鼠标指针的位置,e.clientX 能获取鼠标指针的 x 轴坐标,e.clientY 能获取鼠标指针的 y 轴坐标。

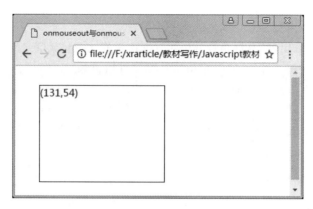

图 9-9　鼠标指针移动

五、焦点事件

焦点事件包括 onfocus 事件和 onblur 事件。onfocus 事件在对象获得焦点时被触发，onblur 事件在对象失去焦点时被触发。大部分 HTML 标签都支持焦点事件。

例如，鼠标指针落在文本框中时会触发 onfocus 事件，鼠标指针离开文本框时会触发 onblur 事件。

【范例 9-9】创建页面 9-9.html，向页面中添加两个文本框用于输入用户名和密码。实现当鼠标指针处于文本框中时，文本框的背景颜色变为浅灰色；当鼠标指针离开文本框时，文本框的背景颜色恢复为白色。

创建网页 9-9.html，引入脚本文件 js/js9-9.js，网页的主要代码如下：

```
<head>
<meta http-equiv = "Content-Type" content = "text/html; charset = utf-8"/>
<title>onfocus 事件和 onblur 事件</title>
<script src = "js/js9-9.js" type = "text/javascript"></script>
</head>
<body>
<form name = "form1" method = "post" action = "">
<table width = "300" border = "1" cellspacing = "0" cellpadding = "3">
  <tr>
    <td width = "80">用户名:</td>
    <td><input name = "username" type = "text" id = "username" maxlength =
"20"></td>
  </tr>
  <tr>
    <td>密 码:</td>
    <td><input name = "password" type = "password" id = "password" maxlength
="20"></td>
  </tr>
  <tr>
    <td> </td>
```

198

```
            <td><input type = "submit" name = "btSub" id = "btSub" value = "登 录
"></td>
        </tr>
    </table>
    </form>
    </body>
```

在脚本文件 js/js9-9.js 中添加如下代码:

```
window.onload = function(){
var uName = document.getElementById("username");
var uPwd = document.getElementById("password");
uName.onfocus = function(){
    uName.style.backgroundColor = "#EEE";
 };
uPwd.onfocus = function(){
    uPwd.style.backgroundColor = "#EEE";
 };
uName.onblur = function(){
    uName.style.backgroundColor = "#FFF";
 };
uPwd.onblur = function(){
    uPwd.style.backgroundColor = "#FFF";
 };}
```

当鼠标指针从第一个文本框切换到第二个文本框时，第一个文本框的背景颜色恢复为白色，而第二个文本框的背景颜色变为浅灰色，在 Chrome 浏览器中的效果如图 9-10 所示。

图 9-10　文本框焦点效果

【程序分析】

本例通过代码 uName.onfocus = function(){…}将匿名函数赋值给文本框 uName 的 onfocus 事件，使文本框获得焦点时执行指定匿名函数中的代码。改变文本框的背景颜色则通过代码 uName.style.backgroundColor="#EEE"来实现。

六、提交事件

表单网页通常用来接收用户的输入，并将用户的输入数据提交到服务器中处理。表单标签<form>用于给该标签范围内的表单数据指定提交方式和地址,属性 method 指定提交方式是 post 还是 get，属性 action 指定将数据提交给谁处理，通常是一个动态页面、一个类或一个 CGI 程序。

onsubmit 是表单网页的提交事件，它会在表单中的确认按钮被单击时被触发。当该事件触发的函数返回 false 时，表单就不会被提交。因此，onsubmit 事件经常用来对表单数据进行验证，只有用户输入合理的数据时，数据才能提交到服务器，从而达到减轻服务器负担的目的。

【范例 9-10】创建页面 9-10.html，制作用户登录页面。实现当没有输入用户名或密码时，阻止提交并提示错误信息。

创建网页 9-10.html，引入脚本文件 js/js9-10.js，网页的主要代码如下：

```html
<head>
<meta http-equiv = "Content-Type" content = "text/html; charset = utf-8"/>
<title>onsubmit 事件</title>
<script src = "js/js9-10.js" type = "text/javascript"></script>
<style type = "text/css">
#errMsg{ color:#F00; display:none;}
</style>
</head>
<body>
<form name = "form1" id = "form1" method = "post" action = "servlet/
UserServlet">
<table width = "300" border = "1" cellspacing = "0" cellpadding = "3">
  <tr>
   <td width = "80">用户名:</td>
    <td><input name = "username" type = "text" id = "username" maxlength =
"20"></td>
    </tr>
    <tr>
     <td>密 码:</td>
    <td><input name = "password" type = "password" id = "password" maxlength =
"20"></td>
    </tr>
    <tr>
     <td> </td>
     <td><input type = "submit" name = "btSub" id = "btSub" value = "登 录
"><div id = "errMsg"></div></td>
    </tr>
  </table>
</form>
</body>
```

在 9-10.html 页面中，设置表单数据提交到 "servlet/UserServlet" 类，将 id 为 "errMsg" 的 div 的文字颜色设置为红色，不显示。

在脚本文件 js/js9-10.js 中添加如下代码：

```javascript
window.onload = function(){
var uName = document.getElementById("username");
```

```
    var uPwd = document.getElementById("password");
    var errMsg = document.getElementById("errMsg");
    var f1 = document.getElementById("form1");
    f1.onsubmit = function(){
        if(uName.value == "" || uPwd.value == "")
        {
            errMsg.innerHTML = "用户名或密码不能为空！";
            errMsg.style.display = "block";
            return false;    //不提交
        }
        else
        {
            return true;     //正常提交
        }
    };
}
```

在没有输入密码的情况下，单击"登录"按钮，按钮下出现红色的提示文字，网页数据并没有提交，在 Chrome 浏览器中的运行结果如图 9-11 所示。

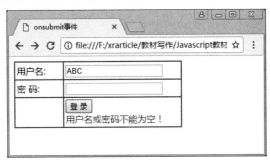

图 9-11 提交事件效果

【程序分析】

本例给<form>标签设置了 onsubmit 事件，当用户名或密码为空时，事件的指定函数返回 false，从而阻止表单数据的提交。

⊠ 任务三　项目实施

一、任务目标

（1）熟练掌握 CSS 元素的定位。

（2）熟练掌握 JavaScript 中 onmouseover 和 onmouseout 事件的使用。

（3）熟练掌握 JavaScript 中定时器的启动和取消。

二、任务内容

在网页中显示一个父层外框，在父层中嵌入一个溢出就隐藏的子层，在子层中录入公告文字。子层缓缓向上移动，当鼠标指针悬停在子层上时，子层停止移动，当鼠标指针离开子层时，子层继续上移。当子层完全消失在父层中时，子层再次回到初始位置，并开始重复相同的移动轨迹。

实现上述效果的关键技术在于：

（1）使用 CSS 样式的 absolute 定位，实现显示公告内容的子层相对于父层的定位；

（2）使用 JavaScript 实现鼠标指针悬停和离开的事件处理；

（3）使用 JavaScript 实现子层的定时上移和回归初始位置。

三、操作步骤

（1）运行 Dreamweaver 软件，新建 HTML 标准网页文件 9-11.html、CSS 文件 css/css9-11.css 和脚本文件 js/js9-11.js。

（2）9-11.html 的代码如下：

```
<!doctype html>
<html>
<head>
<meta http-equiv = "Content-Type" content = "text/html; charset = utf-8"/>
<title>onmousemove 事件</title>
<link href = "css/css9-11.css" rel = "stylesheet" type = "text/css">
<script src = "js/js9-11.js" type = "text/javascript"></script>
</head>
<body>
<div id = "fDiv">
<div id = "zDiv">
为确保正常开课，麻烦本学期在实训前与实训室管理员取得联系，确认该老师在实训室所上课程
需要安装的<a href = "#">软件</a>能否满足教学需求，确保开学第一天的教学秩序。<br>
公共实训室由实训中心负责，其他专业实训室由院系负责，现附上学校实训室管理人员的<a
href = "#">联系方式</a>，请任课教师自行与管理员取得联系。
</div>
</div>
</body>
</html>
```

css/9-11.css 的代码如下：

```
#fDiv{
width:200px;
height:150px;
position:relative;
border:1px solid #000;
margin:30px;
```

```
padding:5px;
overflow:hidden;
}
#zDiv{
 position:absolute;
left:5px;
top:160px;
}
```

js/js9-11.js 的代码如下：

```
//全局变量
var zDiv;      //子层
var x;         //子层原始位置
var xtop;      //子层原始定位的 top 值
var step = 5;//每次滚动的距离
var move;      //计时器的句柄
window.onload = function(){
zDiv = document.getElementById("zDiv");
x = zDiv.offsetTop;  //子层原始位置
xtop = zDiv.offsetTop;    //子层原始定位的 top 值

//启动定时器，每隔 0.1 秒就执行函数 startMove()
move = window.setInterval("startMove()", 100);
//鼠标指针移动子层上时触发
zDiv.onmouseover = function(){
    window.clearInterval(move);//取消定时器
};
//鼠标指针从子层移出时触发
zDiv.onmouseout = function(){
    move = window.setInterval("startMove()", 100);
};
}
//自定义函数，开始滚动
function startMove()
{
xtop = xtop - step;  //子层向上升
zDiv.style.top = xtop + "px";    //加上单位
if(xtop < -250)  //滚动完毕，重新回到原始位置
    xtop = x;
}
//自定义函数，停止滚动
function stopMove()
{
window.clearInterval(move);
}
```

（3）在 Chrome 浏览器中的运行结果如图 9-12 所示。

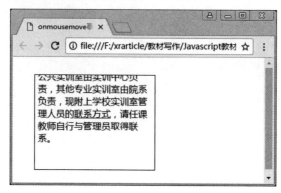

图 9-12　公告栏

四、拓展内容

在完成以上要求的实训内容后，可以选择进一步实现更难一点的功能，例如，只有鼠标指针悬停在链接文字上时，文字才停止移动。

参考文献

[1] 龙马工作室. 精通 JavaScript+jQuery——100%动态网页设计密码. 北京：人民邮电出版社，2014.

[2] 张晓蕾. 网页设计与制作教程（HTML+CSS+JavaScript）. 北京：电子工业出版社，2014.

[3] 程乐，张趁香，刘万辉等. JavaScript 程序设计实例教程. 北京：机械工业出版社，2016.

[4] 未来科技. HTML5+CSS3+JavaScript 从入门到精通（标准版）. 北京：水利水电出版社，2017.

[5] 聚慕课教育研发中心. JavaScript 从入门到项目实践（超值版）. 北京：清华大学出版社，2018.

[6] 张容铭. JavaScript 设计模式. 北京：人民邮电出版社，2015.

[7] 阳波. JavaScript 核心技术开发解密. 北京：电子工业出版社，2018.

[8] 刘春茂. JavaScript+jQuery 动态网页设计案例课堂. 北京：清华大学出版社，2018.

[9] 司徒正美. JavaScript 框架设计（第 2 版）. 北京：人民邮电出版社，2017.

[10] 约翰·拉尔森. JavaScript 开发实战. 北京：机械工业出版社，2018.

[11] 杨凡. JavaScript 网页编程从入门到精通. 北京：清华大学出版社，2017.